Renate Volk, Fridhelm Volk

Pilz in Sicht ... und dann im Topf

Ulmer

Pilz in Sicht ...

… und dann im Topf

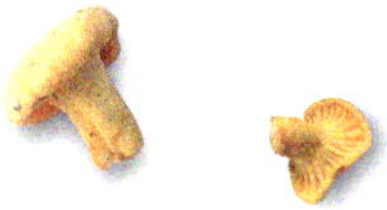

Pilz in Sicht ...

Pilze richtig sammeln – aber wie?

Pilze sammeln war und ist von jeher reizvoll für den Menschen. Essbares in der Natur zu finden und selbst zuzubereiten, das ist heute immer etwas Besonderes. Aber wo und wann kann man schmackhafte und leicht zu bestimmende Speisepilze finden?
Der Einstieg gelingt leichter, wenn man mit wenigen Arten beginnt.
Ein dicker Pilzatlas ist ein wertvoller Schatz im Bücherschrank und Fachwissen unverzichtbar bei der Pilzbestimmung, aber für Einsteiger oft verwirrend.
In diesem Buch wurde Wert darauf gelegt, die Fülle der Arten übersichtlich zu halten.
20 der wichtigsten Speisepilze und ähnliche ungenießbare oder giftige Verwechsler werden dargestellt. Die Auswahl ist sorgfältig bedacht und die aufgeführten Arten sind bei uns relativ häufig zu finden. Die Standorte sind genau beschrieben, so dass Sammelerfolge gut möglich sind. Die typischen Merkmale sind ausführlich erklärt. Die zahlreichen Fotos der Pilze sowohl am natürlichen Standort als auch im Detail liefern anschauliche Informationen zur sicheren Bestimmung.
In der Forschung gibt es ständig neue Erkenntnisse über Speisewert und Verträglichkeit der Pilze, die in diesem Buch berücksichtigt sind.
So fehlen beispielsweise ehemals geschätzte Pilze wie Hallimasch und Grünling, deren Speisewert heute als unverträglich oder schwach giftig eingestuft wird.

Tipps zum Sammeln

Die Hauptpilzsaison ist im Sommer und Herbst. Pilze gedeihen auf Wiesen und Feldern und in Gärten, den größten Teil aber bringt der Wald hervor. Gutes Pilzsammelwetter ist Wärme, gepaart mit Feuchtigkeit. Bei anhaltendem Regen ist das Sammeln sinnlos, da sich die Pilze wie Schwämme mit Wasser vollsaugen.
Generell sollte man nur für den Eigenbedarf sammeln. Nie Pilze zerstören, auch keine ungenießbaren Pilze oder Giftpilze, da sie für den Stoffwechsel des Waldes von großer Wichtigkeit sind. Nach Frost sollten Pilze nicht

mehr gesammelt werden. Ausnahmen sind unter anderen Rötelritterling und Austernpilz, deren Speisewert auch dann noch erhalten bleibt. Zum Sammeln braucht man nicht viel Ausrüstung: Einen Korb, damit die Pilze luftig gelagert und nicht zerdrückt werden, ein Küchenmesser zur groben Reinigung und natürlich ein gutes Pilzbuch.

Bitte nicht sammeln

- Unbekannte Pilze
- Zu junge Pilze
- Zu alte Pilze
- Madige Pilze
- Durchnässte Pilze
- Pilzteile
- Geschützte Pilze
- Pilze nach Frost

Tipps zum Bestimmen

Einsteiger beginnen idealerweise damit, sich zunächst wenige Arten genau einzuprägen, am besten mit diesem Bestimmungsbuch und einem erfahrenen Pilzfreund. Bei weiteren Pilzwanderungen entsteht zunehmend Sicherheit – so wird man ganz allmählich zum Pilzkenner.
Pilze werden in verschiedene Gruppen eingeteilt, die jeweils typische Merkmale haben. Es gibt die Röhrlinge, wie den Steinpilz oder den Birkenpilz. Röhrlinge haben unter dem Hut ein schwammartiges Gewebe, die Röhren. Weiterhin gibt es Lamellenpilze wie die Champignons, hier sitzen an der Hutunterseite feine Lamellen. Leistlinge unterscheiden sich von den Lamellenpilzen durch ihre weiter entfernt stehenden, kräftigeren Leisten. Ein Beispiel ist der Pfifferling. Stachelpilze wie der Semmelstoppelpilz haben Stacheln oder Stoppeln an der Hutunterseite. Schließlich gibt es Fruchtkörper-Sonderformen wie die Krause Glucke. Jeder Pilz hat mehrere ganz typische Merkmale, die alle genau beachtet werden müssen.
Wichtig: Man braucht immer das ganze Exemplar eines Pilzes. Nur dann ist es möglich, den Pilz exakt zu bestimmen. Daher zur Pilzbestimmung den Pilz nicht abschneiden, sondern vorsichtig herausdrehen. So kann die Stielbasis beurteilt werden. Schon jetzt sollten die Pilze grob gereinigt werden, das erleichtert das Bestimmen und die spätere Verarbeitung zu Hause.
Zu alte oder sehr junge Pilze sehen oft untypisch aus und sind für den Einsteiger noch nicht oder nicht mehr genau zu bestimmen. Lieber stehen lassen. Auf alte Pilze am besten verzichten, sie sind als Speisepilze meist unbrauchbar.

Wichtig!

- Mit Doppelgängern vergleichen
- Gift schmeckt man nicht – unbekannte Pilze niemals probieren!
- Auch Giftpilze können von Maden befallen sein
- Bei Unsicherheit Pilzberatung (siehe Seite 126) aufsuchen
- **Im Zweifel immer verzichten!!!**

Goldröhrling

Schöner Röhrling, Goldgelber Lärchenröhrling

Der Goldröhrling ist ein auffallend leuchtender Pilz. Er ist der hochwertigste der Schmierröhrlinge. Da die Pilze leicht zusammenkleben, sollte man sie im Korb getrennt legen. Alte Pilze besser nicht verwenden.

Wann zu finden? Von Juni bis November.

Wo zu suchen? Immer unter Lärchen, standorttreu.

Wie verwerten? Schmackhafter Speisepilz für Pilzmischgerichte.

Wichtige Merkmale

- Leuchtend goldgelber bis goldbrauner Hut, schleimig
- Am Stiel deutliche schleimige Ringzone
- Immer nahe bei Lärchen
- Röhren auf Druck rotbraun verfärbend

Hut: ∅ 5–15 cm. Jung kugelig. Durch die Huthaut, das so genannte Velum, mit dem Stiel verbunden. Später wird der Hut halbkugelig, im Alter flach. Der Rand ist stark eingerollt, oft mit Velumresten. Das kräftige Goldgelb wird später blasser oder auch bräunlich. Die stark schleimige Huthaut ist leicht abziehbar.

Röhren: Gelb bis schmutziggelb. Jung von Velumschleier bedeckt. Angewachsen bis herablaufend. Jung dicht, später weitporig und eckig. Auf Druck rotbräunlich verfärbend.

Stiel: 6–12 cm lang. Fest, zylindrisch bis leicht keulig. Oben gelb, unterhalb des Rings bräunlich gemasert. Oft schmierig.

Fleisch: Gelblich, weich, bei Regen wässrig.

Geruch: Schwach, angenehm.

Geschmack: Mild, pilzig.

Verwendung: Junge feste Exemplare sind vielseitig verwendbar, auch gut zu trocknen. Gut für Pilzklöße. Die schleimige Huthaut sollte vor dem Verarbeiten abgezogen werden.

Verwechslung: Kaum zu verwechseln wegen der leuchtenden Farbe und der anderen typischen Merkmale.

Junger Hut von unten mit geschlossenem Velum.

Sandröhrling

Der Sandröhrling hat kein ausgeprägtes Aroma. Junge Exemplare sind ergiebig für Mischgerichte. Ältere, weiche Exemplare sollten lieber nicht gesammelt werden.

Wann zu finden? Von Juni bis November.

Wo zu suchen? Unter Kiefern, im Moor, auf der Heide. Meist auf sandigen, sauren Böden. Häufig in Familien oder Reihen.

Wie verwerten? Pilz für Mischgerichte, nicht sehr hochwertig.

Wichtige Merkmale

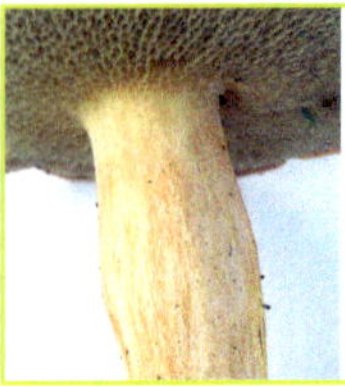

- Bei Trockenheit Huthaut sandig gekörnt
- Bei Feuchtigkeit etwas klebrig
- Fleisch bei Anschnitt leicht blauend
- Hut und Stiel gelbbraun

Ähnlich: Sandröhrling (oben) und Kuhröhrling (unten).

Hut: ∅ 4–12 cm. Jung halbkugelig, trocken, goldbraun. Später polsterförmig bis flach, lederbraun. Huthaut trocken sandartig gekörnt, bei Feuchtigkeit klebrig. Rand lange eingerollt. Huthaut nicht abziehbar.

Röhren: Olivocker bis olivbraun, dunkler als der Hut, eckig. Auf Druck leicht schmutzigblau verfärbend. Angewachsen, kaum vom Fleisch abtrennbar. Ältere Röhren schwammig, lassen sich etwas leichter abtrennen.

Stiel: 4–9 cm lang. Gleichmäßig dick. Wie Hutfarbe oder heller. Glatt. An der Basis meist bräunlich und feinfilzig.

Fleisch: Gelblich weiß, später gelb, weich, im Stiel dunkler und fester. Beim Anschnitt schwach blauend oder rosa, wieder verblassend.

Geruch: Säuerlich, pilzig.

Geschmack: Mild.

Verwendung: Für Pilzmischgerichte, jung zum Trocknen und Einfrieren geeignet.

Verwechslung: Nicht mit Giftpilzen. Nur mit anderen essbaren Röhrlingen wie **Kuh-** oder **Körnchenröhrling**.

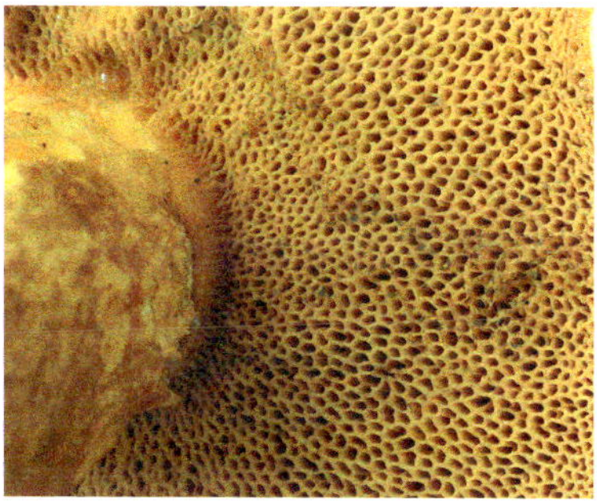

Die Poren sind braunoliv und eckig.

Rotfußröhrling

Der Rotfußröhrling ist fast überall verbreitet. Am besten nur junge, noch feste Exemplare sammeln. Der Pilz ist gelegentlich von Goldschimmel befallen: Er sieht dann weißschimmelig aus und wird dadurch giftig.

Wann zu finden? Von Juni bis November.

Wo zu suchen? In Laub- und Nadelwäldern, am Waldrand und im Park.

Wie verwerten? Guter Mischpilz, nicht allzu fest im Fleisch.

Wichtige Merkmale

- Verletzte Hutstellen verfärben sich rot
- Röhren alt grobporig, auf Druck blaugrün verfärbend
- Stiel oben gelb, zur Basis hin leicht, dann stärker rot

Hut: ∅ 3–7 cm. Halbkugelig, matt samtig, dunkelgrau bis olivbraun. Später flacher, heller. Bei Trockenheit oft gefeldert aufgerissen, in den Rissen rötlich verfärbend. Huthaut nicht abziehbar.

Röhren: Jung fein, kräftig gelb, später gelbgrünlich mit groben, eckigen Poren. Auf Druck blaugrün verfärbend. Vom Fleisch ablösbar.

Stiel: Bis 7 cm lang. Dünn, oft verbogen. Oben gelb, zur Basis leicht, dann stärker rot. Leicht feinflockig oder längs gefasert.

Fleisch: Sehr jung fest, dann weich. Hellgelb, unter der Huthaut rötlich. Beim Schneiden leicht blauend.

Geruch: Leicht obstartig.

Geschmack: Leicht säuerlich, mild.

Verwendung: Für Mischgerichte und Suppen. Jung gut zu trocknen und einzufrieren.

Verwechslung: Die essbare **Ziegenlippe** ist etwas fester, hat einen graugelben Hut und rötet nicht bei Verletzung.
Kräftige Exemplare ähneln dem giftigen **Schönfuß-Röhrling**, der aber einen hell genetzten Stiel hat und bitter schmeckt.

Typisch gefelderter Hut mit rötlichen Rissen.

Maronenröhrling

Marone, Braunhäuptchen, Braunkappe, Tannenpilz, Marienpilz

Der Maronenröhrling gehört zu den bekanntesten hochwertigen Speisepilzen. Weil dieser Pilz umweltbelastet ist, empfiehlt sich der Verzehr nur in Maßen.

Wann zu finden? Von Juni bis November.

Wo zu suchen? In Nadelwäldern, meist unter Fichten und Kiefern, auf sauren Böden. Seltener in Laubwäldern.

Wie verwerten? Besonders aromatischer Speisepilz, steinpilzähnlich.

Wichtige Merkmale

- Hut jung dunkelbraun und samtig matt, älter glatt ledrig und heller
- Röhren auf Druck blau verfärbend
- Stiel ockergelb, bräunlich überfasert

Hut: Ø 4–15 cm. Jung halbkugelig, samtig matt, dunkelbraun, dann flacher und glatter. Im Alter polsterförmig und heller bis lederfarben. Bei Feuchtigkeit klebrig. Oft von Maden oder Schnecken angefressen.

Röhren: Jung sehr feinporig, weißlich bis gelblich, später dunkelgelb bis oliv und gröber. Auf Druck blaugrün anlaufend. Vom Fleisch leicht ablösbar.

Stiel: 4–10 cm lang. Fest, dick, später dünner und oft verbogen. Heller als der Hut. Leicht bräunlich, längs gefasert, nicht genetzt. Häufig zur Basis verjüngend.

Fleisch: Fest, saftig, im Alter weich. Weißlich bis hellgelb, an den Schnittstellen leicht blauend.

Geruch: Angenehm, leicht obstartig.

Geschmack: Mild, nussartig bis säuerlich.

Verwendung: Vielseitig verwendbar, ähnlich wie Steinpilz, jedoch nicht roh. Sehr gut zu trocknen und einzufrieren. Ältere Röhren entfernen.

Verwechslung: Gelegentlich mit dem **Steinpilz** oder mit ähnlichen essbaren Röhrlingen.

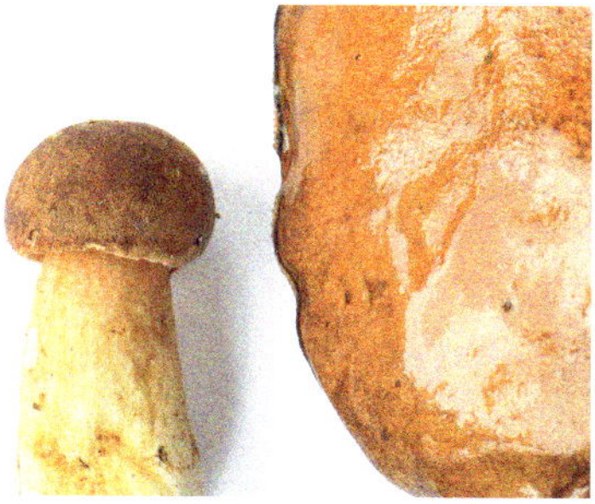

Junger trockener und älterer feuchter Hut.

Steinpilz

Fichtensteinpilz, Herrenpilz, Edelpilz

Steinpilze wachsen meist standorttreu, also lohnt es sich, bekannte Stellen immer wieder aufzusuchen. Man unterscheidet mehrere Steinpilzarten. Sie wachsen an unterschiedlichen Orten und zu verschiedenen Zeiten. Der Fichtensteinpilz ist der häufigste, daneben gibt es unter anderem Sommersteinpilz und Kiefernsteinpilz. Steinpilze sind Mykorrhizapilze: Das bedeutet, sie bilden Lebensgemeinschaften mit Bäumen und ihr Myzel, eine Art Wurzelgeflecht, ist mit Baumwurzeln verbunden und tauscht mit diesen Nährstoffe aus. Die Bindung an bestimmte Baumarten ist meistens, jedoch nicht immer am Namen zu erkennen: Der Kiefernsteinpilz wächst vor allem unter Kiefern, aber auch unter Fichten. Der Fichtensteinpilz allerdings ist sowohl unter Fichten als auch unter Kiefern und Laubbäumen zu finden.

Wann zu finden? Von Juli bis Oktober. Sommersteinpilz bereits ab Mai.

Wo zu suchen? In Laub- und Nadelwäldern.

Wie verwerten? Hervorragender Speisepilz, auch roh essbar.

Wichtige Merkmale

- **Brauner Hut, zum Rand heller, dünn weiß gerandet**
- **Bauchiger Stiel mit meist weißlicher Netzzeichnung. Sommer- und Kiefernsteinpilz dunkler genetzt**

Stiel des Fichten- (links) und des Sommersteinpilzes (rechts).

Ungenießbarer Doppelgänger

Der ungenießbare **Gallenröhrling** schmeckt bitter (nur kurz mit der Zunge berühren!), ist aber nicht giftig. Er hat einen olivbraunen, matten Hut, schwammig grobe, schmutzigweiße bis blassrosa Röhren (Foto rechts) und einen dunkeloliv genetzten Stiel.

links Steinpilz, rechts Gallenröhrling

Junge, mittelalte und alte Röhren beim Steinpilz.

Der Kiefernsteinpilz hat einen dunklen Hut.

Hut: ⌀ 8–20 cm. Jung halbkugelig, später flacher, wellig gewölbt. Hell- bis dunkelbraun, oft heller Rand. Bei Trockenheit glatt, matt bis feinsamtig, feucht leicht klebrig. Hut beim Sommersteinpilz gelbbraun und oft rissig.

Röhren: Jung weißlich, sehr feinporig, später gelbgrünlich bis oliv, ausgebuchtet. Auf Druck nicht blau verfärbend.

Stiel: Bis 20 cm lang. Fest, jung bauchig, später keulig, schlank, weißlich bis hell bräunlich. Weißliche Netzzeichnung, besonders im oberen Teil. Beim Sommer- und Kiefernsteinpilz dunklere Netzzeichnung.

Fleisch: Fest, später weich. Weiß, älter blassgelb und unter der Huthaut bräunlich.

Geruch: Angenehm nussartig.

Geschmack: Fein nussartig.

Verwendung: Sehr vielseitig, für alle Zubereitungsarten vorzüglich geeignet. Auch roh zu Carpaccio und zum Einlegen. Gut zu trocknen und einzufrieren. Ältere Röhren entfernen.

Verwechslung: Der **Sommersteinpilz** unterscheidet sich durch einen samtigen, etwas helleren, oft rissigen Hut. Der Stiel ist durchgehend sehr fein dunkel genetzt. Er wächst bereits von Mai bis September.
Der **Kiefern-** oder **Rothütige Steinpilz** hat einen dunkel rotbraunen Hut. Etwas polsterförmig, trocken matt, bei Feuchtigkeit klebrig. Er erscheint, bereits von Juni bis Oktober im Nadelwald unter Kiefern oder auch Fichten.
Der **Maronenröhrling** (siehe Seite 14) hat einen dunkelbraunen Hut und gelbe Poren, die sich auf Druck blau verfärben.
Mit dem ungenießbaren **Gallenröhrling** (siehe Kasten).

Flockenstieliger Hexenröhrling

Schusterpilz, Gauklerpilz

Der Flockenstielige Hexenröhrling gehört zu den festfleischigen Dickröhrlingen und erscheint in manchen Jahren schon im Mai.

Dieser Röhrling ist sehr ergiebig. Beim Vorbereiten sollten die Pilze gut zerkleinert oder feinblättrig geschnitten werden. Anschließend lange genug garen, sonst kann es zu Unverträglichkeiten kommen. Beim Genuss gut kauen, damit der Geschmack voll zur Geltung kommt und die Nährstoffe der Pilze aufgeschlossen werden. Die Blaufärbung durch das Aufschneiden ist für den Geschmack ohne Bedeutung und verliert sich beim Erhitzen wieder.

Wann zu finden? Von Juni (manchmal schon Mai) bis November.

Wo zu suchen? In Laub- und Nadelwäldern, oft am Wegrand.

Wie verwerten? Sehr guter Speisepilz mit festem Biss, roh aber giftig!

Wichtige Merkmale

- Dunkelbrauner, mattsamtiger Hut
- Dicht rot geflockter Stiel
- Fleisch bei Anschnitt stark blau verfärbend

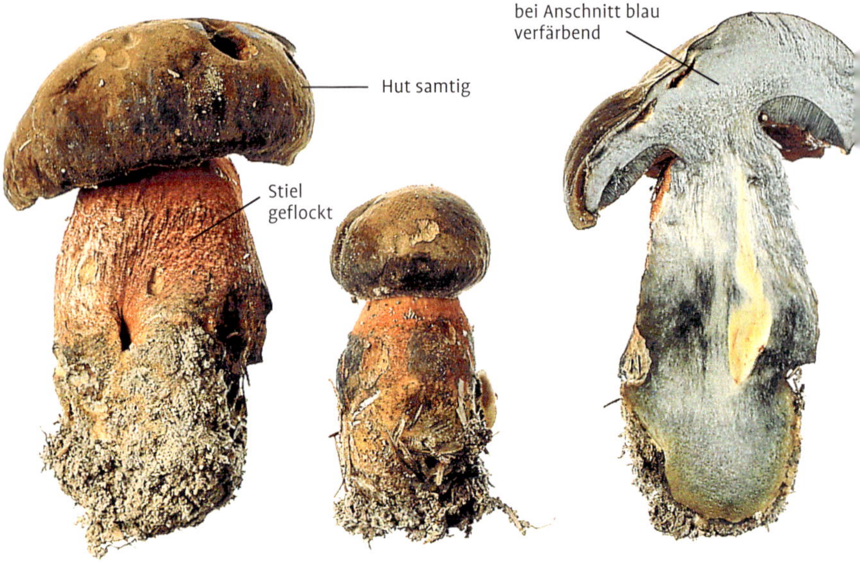

Giftiger Doppelgänger

Der giftige **Satanspilz** oder **Satansröhrling** hat einen weiß- bis olivgrauen Hut. Sein Gift verursacht starke Verdauungsstörungen.

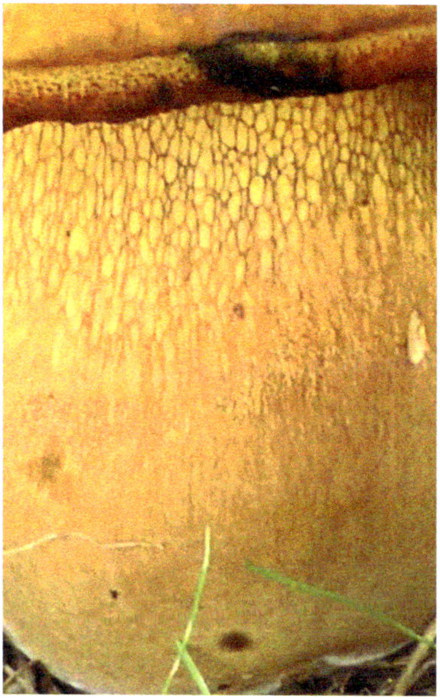

Die Stiele des Flockenstieligen (links) und des Netzstieligen (rechts) Hexenröhrlings

Hut: ⌀ 6–20 cm. Jung halbkugelig, fein samtig, matt wie Wildleder. Später polsterförmig bis hochgebogen, leicht glänzend. Braun bis dunkelbraun. Bei Feuchtigkeit klebrig.

Röhren: Eng, dicht, gelb mit roten, bei älteren Pilzen orangen Mündungen, oft zum Rand heller gelblich. Auf Druck stark dunkelblau verfärbend. Leicht ablösbar.

Stiel: 4–15 cm lang. Kräftig, sehr fest, dickbauchig, zur Basis keulig, dicht rot geflockt auf gelbem Grund, quergeschuppt, nicht genetzt.

Fleisch: Sehr fest, im Alter weicher. Gelb, beim Anschnitt sofort stark blauschwarz verfärbend, später wieder verblassend.

Geruch: Unbedeutend.

Geschmack: Unauffällig, leicht säuerlich.

Verwendung: Gut gekocht für alle Pilzgerichte geeignet, besonders als Pilzgulasch. Auch ideal zum Einlegen, Trocknen und Einfrieren. Selten madig. Roh giftig!

Verwechslung: Der nur bedingt essbare **Netzstielige Hexenröhrling** unterscheidet sich durch den glatten, lederbraunen Hut und den deutlich dunkelrötlich genetzten Stiel. Es existierte die Meinung, dass der Pilz in Verbindung mit Alkohol giftig sei. Dies ist inzwischen widerlegt.
Mit dem giftigen **Satanspilz** (siehe Kasten). Andere rotporige Röhrlinge weisen abweichende Merkmale in der Hutfärbung, am Stiel, im Geruch oder Geschmack auf. Wie immer gilt: Alle Merkmale beachten!

Birkenpilz

Brauner Birkenpilz, Birkenröhrling, Kapuziner

Der Birkenpilz ist in der Hutfarbe sehr variabel, meistens jedoch braun. Die geläufigsten Arten sind Gemeiner oder Brauner Birkenpilz, Weißer und Schwärzlicher Birkenpilz. Alle sind im Speisewert ähnlich.

Wann zu finden? Von Juni bis Oktober.

Wo zu suchen? Unter Birken oder in deren Nähe. In Heidelandschaften.

Wie verwerten? Jung guter Speisepilz. Alt oft zu weich.

Wichtige Merkmale

- Hut leicht grubig, hell- bis dunkelbraun
- Stiel dunkel geschuppt auf hellem Grund
- Schmutzigweiße, kissenartige Röhren, auf Druck bräunend

Hut: ⌀ 4–14 cm. Jung halbkugelig, später flacher, polsterartig. Graubraun bis dunkelbraun oder hell bräunlich bis fast weiß (sehr variabel), manchmal aufgerissen. Glatt, kahl, samtig bis ledrig, bei Feuchtigkeit klebrig. Huthaut nicht abziehbar.

Röhren: Jung weißlich, dann gräulich werdend und stark kissenartig gewölbt. Jung dicht, später grob, nicht am Stiel angewachsen. Auf Druck bräunend, leicht vom Fleisch ablösbar.

Stiel: 4–15 cm lang. Holzig, faserig. Weiß mit dunklen oder schwarzen Schuppen besetzt, oft in längsfaseriger Anordnung. Schlank, nach oben verjüngend, manchmal gebogen.

Fleisch: Weiß. Jung fest, dann weich.

Geruch: Angenehm.

Geschmack: Angenehm, mild.

Verwendung: Jung vielseitig zu verwenden. Das geschmeidige Fleisch ist geeignet für Pilz-Bratlinge, Füllungen und Pasten. Röhren am besten entfernen. Stiele zäh, nur jung verwertbar. Nur junge Pilze zum Trocknen und Einfrieren geeignet.

Verwechslung: Mit dem ungenießbaren, bitteren **Gallenröhrling** (siehe Seite 18).

Die Röhren verfärben sich auf Druck bräunlich.

Rotkappe

Birken-/Heiderotkappe, Rothäuptchen, Rotkäppchen

Es ist ein großes Vergnügen Rotkappen zu finden, denn meistens findet man gleich mehrere.

Rotkappen sind Raufüße wie die Birkenpilze, haben also ebenfalls dunkel geschuppte Stiele. Sie sind wie die Birkenpilze und Steinpilze Mykorrhizapilze, das heißt, sie leben in Symbiose mit bestimmten Bäumen. Man unterscheidet beispielsweise Eichen-, Espen-, Kiefern- und Birken- oder Heiderotkappen. Alle Arten sind sehr ähnlich und gute Speisepilze.

Wann zu finden? Juni bis Oktober.

Wo zu suchen? Unter Birken (andere Arten unter Eichen und Espen) im Laub- und Mischwald.

Wie verwerten? Sehr guter Speisepilz.

Wichtige Merkmale

- Hut orange bis ziegelrot-braun
- Stiel schwarz geschuppt
- Fleisch auf Druck erst blaugrau, dann schwarz verfärbend

Rotkappe

Hut: ∅ 4–20 cm. Jung fast kugelig, dann flacher, breiter. Huthaut filzig matt, orange bis ziegelrot. Trocken oft leicht körnig, bei Feuchtigkeit klebrig. Huthaut leicht fransig überstehend, nicht abziehbar, bei jungen Exemplaren am Stiel anliegend.

Röhren: Jung weißgräulich, sehr dicht, später grau bis ocker. Polsterartig schwammig. Frei, nicht am Stiel angewachsen. Auf Druck kaum verfärbend.

Stiel: 6–20 cm lang. Weiß, mit dichten, rauen, schwarzen Schuppen. Auf Druck blaugrün verfärbend. Fest, im Alter weich und faserig.

Fleisch: Weiß, jung fest, später weicher. Im Anschnitt erst blaugrau, dann schwarz anlaufend.

Geruch: Angenehm pilzig.

Geschmack: Schwach.

Verwendung: Rotkappen sind für viele Gerichte geeignet. Sie sind festfleischiger und wertvoller als Birkenpilze. Sehr ergiebig. Verfärben sich beim Kochen und Einfrieren zunächst grau bis schwarz, was sich später wieder verliert. Gut zu trocknen. Röhren bei älteren Exemplaren entfernen.

Verwechslung: Die **Espenrotkappe** ist am Stiel rotbraun geschuppt. Sie wächst unter Espen (Zitterpappeln).
Die **Eichenrotkappe** ist stärker dunkel rotbräunlich gefärbt und besitzt ebenfalls einen rotbraun geschuppten Stiel. Sie ist unter Eichen zu finden. Rotkappen gehören zu den geschützten Arten, dürfen aber in geringen Mengen für den Eigenbedarf gesammelt werden

Rotkappen haben keine giftigen Doppelgänger.

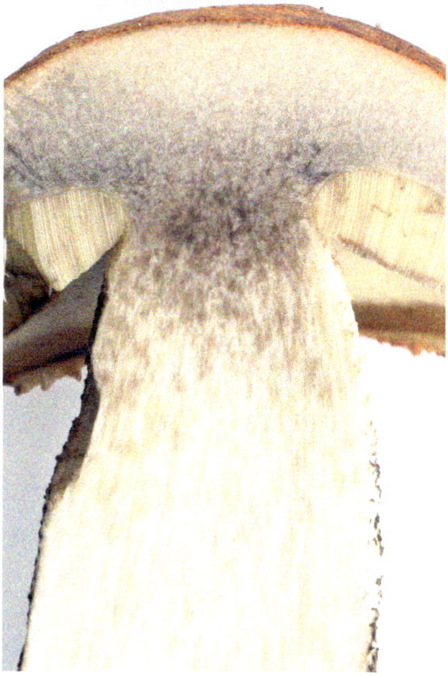

Das Fleisch verfärbt sich erst blaugrau, dann schwarz.

Rotkappen (hier Espenrotkappen) wachsen häufig als Gruppe.

Ähnlich, aber dunkler: Eichenrotkappe

Junge Eichenrotkappe mit rotbraunen Schuppen.

Parasol

Großer Riesenschirmling

Schon aus weiter Entfernung kann man die erhabene und typische Gestalt des Parasols genau erkennen.

Der Parasol gehört zu den Riesenschirmpilzen, wie sich unschwer an seinem Aussehen erkennen lässt. Es gibt etwa 50 Schirmpilzarten, darunter 12 Riesenschirmlinge. Der Parasol ist der bekannteste und häufigste unter den Schirmlingen.

Wann zu finden? Von Juli bis November.

Wo zu suchen? In Laub- und Nadelwäldern, an Wald- und Wegrändern, auf Lichtungen. Oft massenhaft, auch in Ringen.

Wie verwerten? Vorzüglicher Speisepilz, besonders als paniertes Pilzschnitzel.

Wichtige Merkmale

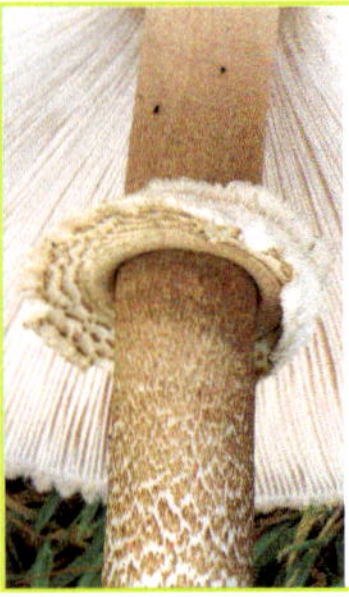

- Jung kugelig, dann flach ausgebreiteter Hut mit Schuppen
- Langer, genatterter (wie eine Schlangenhaut gezeichneter) Stiel mit Knolle
- Ring doppelschichtig und verschiebbar

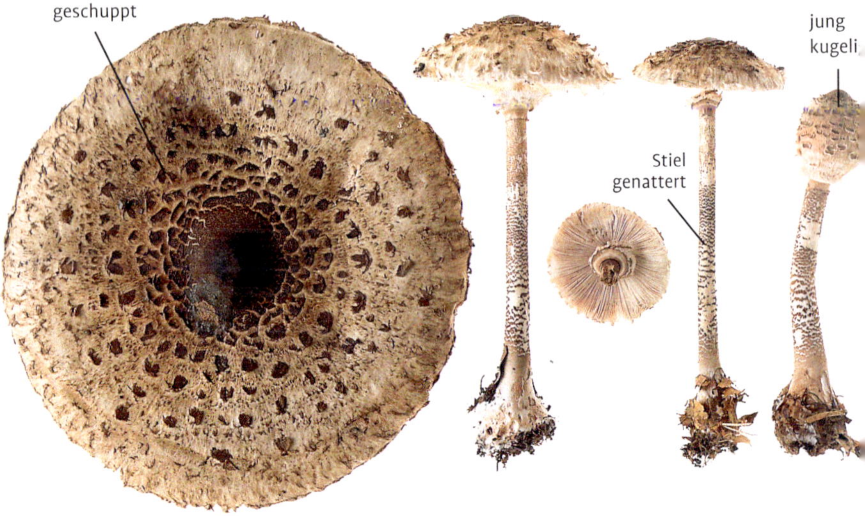

Hut: Ø 6–30 cm. Jung kugelförmig, später gewölbt bis flach, mit kleinem dunklem Spitzbuckel. Hell beige-graue bis bräunliche, sparrig faserige, dachziegelähnlich abstehende Schuppen auf hellem Grund.

Lamellen: Weißlich. Dicht stehend, nicht angewachsen, etwas ausgebuchtet.

Stiel: 10–40 cm lang. Deutlich dunkel geflockt bis genattert (wie Schlangenhaut) auf hellem Grund. Längsfaserig, zäh, hohl. Basis knollig. Doppelschichtiger, flockiger Ring, verschiebbar.

Fleisch: Dünn, weich, im Stiel äußerst zäh, weiß bleibend.

Geruch: Angenehm süßlich.

Geschmack: Nussartig.

Verwendung: Vielseitig. Jung als Mischpilz. Klassische Zubereitung: Flache Hüte paniert als Pilzschnitzel. Stiele sind hart, geeignet für Pilzpulver. Ganze Hüte gut einzufrieren.

Verwechslung: Der essbare **Safranschirmling** wächst meist auf Wiesen, ist etwas kleiner, gilt roh als giftig und wird safrangelblich bis rötlich beim Anschnitt. Der Ring ist verschiebbar. Der essbare **Spitzbucklige** oder **Warzenschirmling** hat einen brustwarzenähnlichen Mittelpunkt, nur schorfige Hutschuppen, einen sehr fein genatterten Stiel und einen Ring, der jung angewachsen, später verschiebbar ist. Die giftigen Arten **Gift-Riesenschirmling** (*Chlorophyllum venenatum*) und **Garten-Safranschirmling** (*C. brunneum*) wachsen in Gewächshäusern und auf Komposthaufen. Sie sind erkennbar an den groben dunklen Hutschuppen, dem nicht genatterten Stiel sowie der deutlich gerandeten knolligen Basis. Auch mit ungenießbaren Schirmlingen, die aber einen nicht verschiebbaren Ring haben.

3 junge, typisch kugelförmige Hüte.

Der Hut ist schuppig mit dunklem Zentrum.

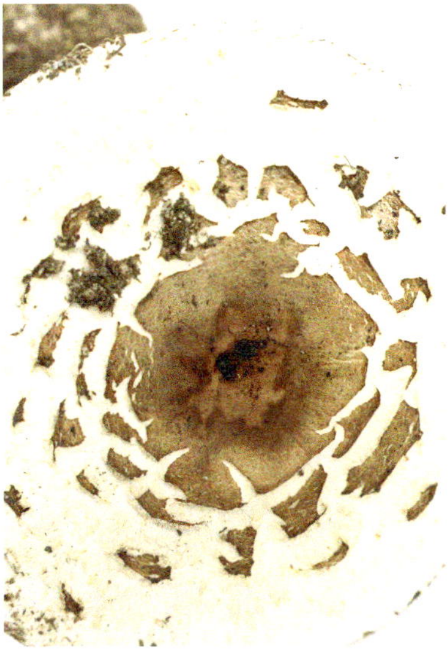

Gift-Riesenschirmling mit dunklen Schuppen.

Wiesenchampignon

Feldegerling

Der Wiesenchampignon ist schon im Frühsommer zu finden. Er ist sehr aromatisch.
Es gibt etwa 70 Champignonarten, von denen aber nur wenige giftig sind (u. a. der Karbolchampignon). Alle wild wachsenden Champignons sind viel aromatischer als Zuchtchampignons.

Man findet Champignons in Parkanlagen und Gärten auch in großen Hexenringen, also ringförmig in der Gruppe wachsend.

Wann zu finden? Von Juni bis Oktober.

Wo zu suchen? Auf Wiesen, Feldern, Weiden, in Parks und Gärten. Oft sehr zahlreich.

Wie verwerten? Hervorragender Speisepilz, auch roh essbar.

Wichtige Merkmale

- Weißer seidiger Hut, auch leicht gilbend, alt etwas bräunlich
- Feines Pilzaroma, leicht süßlich bis anisartig
- Auf Wiesen oder am Waldrand wachsend
- Lamellen jung rosa, alt dunkel- bis schwarzbraun

Giftige Doppelgänger

Der giftige **Karbolchampignon** riecht unangenehm nach Karbol / Desinfektionsmittel und verfärbt sich, vor allem an der Basis, stark chromgelb, wie alle giftigen Champignons.

Tödlich giftig sind der **Grüne** (links) und der **Kegelhütige** (rechts) **Knollenblätterpilz**. Beide haben eine Stielknolle mit Scheide.

Mit typischem Geruch: Der Anischampignon, hier ein junges Exemplar.

Der Waldchampignon ist dunkler gefärbt.

Hut: ∅ 3–10 cm. Jung kugelig, später gewölbt bis flach. Weiß, mitunter gilbend. Glatt, faserig, leicht schuppig. Huthaut leicht abziehbar, seidig matt, später vom Rand her bräunlich.

Lamellen: Dicht, nicht mit dem Stiel verwachsen, jung rosa, später braun bis schwarzbraun.

Stiel: 3–8 cm lang. Weißlich, schlank, zur Basis hin mal keulig, mal verjüngend. Ring hängend, dünn, manchmal kaum vorhanden.

Fleisch: Fest, weiß bis leicht rosa im Anschnitt.

Geruch: Angenehm pilzig, süßlich bis leicht anisartig.

Geschmack: Angenehm.

Verwendung: Für alle Zubereitungsarten geeignet. Einer der wenigen Pilze, die auch roh als Salatpilz geeignet sind. Gut einzufrieren, nur jung zu trocknen.

Verwechslung: Der essbare **Anis-** oder **Schafchampignon** ist stärker gilbend. Er hat ein intensives Anisaroma, das durch Einfrieren noch verstärkt wird.
Der essbare **Stadtchampignon** gedeiht getreu seinem Namen in Parks und an Weg-, Straßen- und Waldrändern. Er sieht dem Wiesenchampignon ähnlich, ist aber kräftiger.
Der essbare **Waldchampignon** wächst im Wald, ist dunkel geschuppt und verfärbt sich beim Anschnitt tiefrot, was den Wert nicht beeinträchtigt. Er ist etwas dünnfleischiger als der Wiesenchampignon.
Mit dem giftigen **Karbolchampignon** (siehe Kasten), dem tödlich giftigen **Grünen Knollenblätterpilz**, der auch ganz weiß sein kann, und dem tödlich giftigen **Kegelhütigen Knollenblätterpilz**. Beide haben weiße Lamellen und eine Stielknolle mit Scheide.

Perlpilz

Rötender Wulstling

Der Perlpilz ist ein sehr bekannter und beliebter Speisepilz. Er ist farblich variantenreich, jedoch immer deutlich zu erkennen durch den rosa bis rötlichen Farbschimmer an Hut, Stiel und Lamellen. Lediglich sehr junge Exemplare sind schwer bestimmbar und sollten daher nur von guten Pilzkennern gesammelt werden.

Perlpilze bereitet man am besten direkt nach dem Sammeln zu, denn das zarte Pilzfleisch ist rasch vergänglich.

Wann zu finden? Von Juni bis Oktober.

Wo zu suchen? In Laub- und Nadelwäldern.

Wie verwerten? Sehr guter Speisepilz. Gekocht wohlschmeckend, roh aber giftig!

Wichtige Merkmale

- Hut jung kugelig, dann aufgeschirmt mit Hautresten („Perlen")
- Fleisch weiß, bei Verletzung nach einiger Zeit rosa oder rötlich
- Geriefte Manschette
- Stiel knollig, ohne Scheide

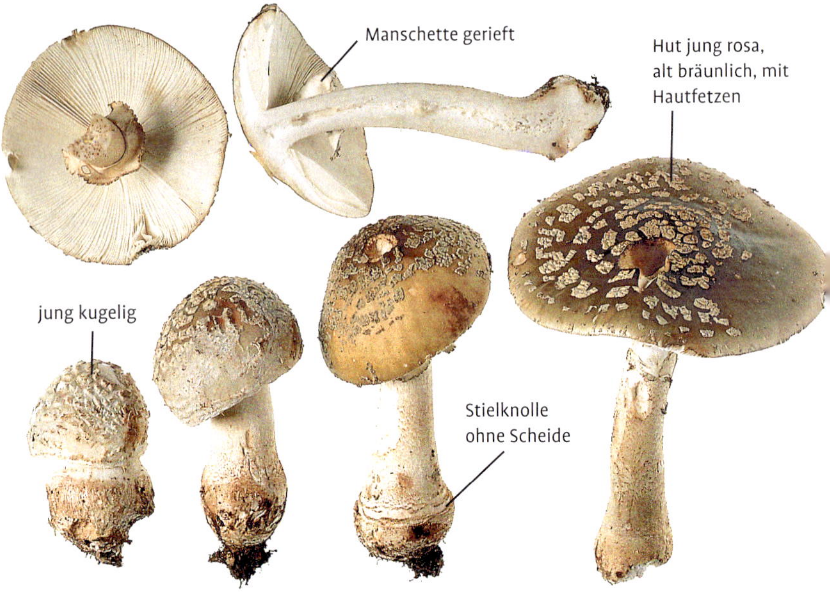

Giftige Doppelgänger

Der sehr giftige **Pantherpilz** hat einen mit weißen Hüllresten betupften graubraunen Hut und eine nicht geriefte Manschette, aber einen gerieften Hutrand. Er hat eine gerandete Knolle mit Scheide und eingerolltem Rand und riecht leicht nach Rettich. Er wird in manchen Regionen auch Brauner Knollenblätterpilz genannt, da er zur gleichen Pilzgattung gehört wie die Knollenblätterpilze.

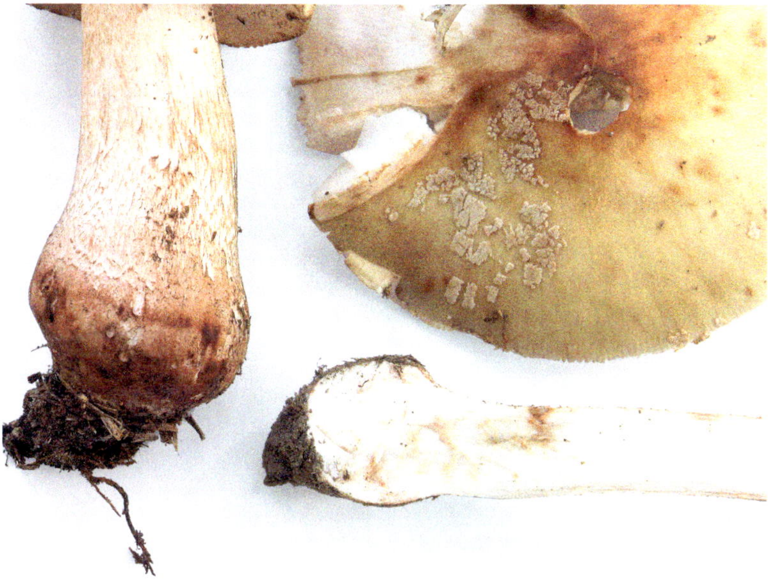

Hautfetzen auf der Huthaut und knollige Stielbasis. Typisch: der rosa Farbton.

Hut: ∅ 4–15 cm. Jung kugelig geschlossen, dann halbkugelig, später gewölbt bis flach. Weißrosa bräunlich, mit Hautfetzen auf der Huthaut. Rand jung nicht gerieft, im Alter selten gerieft. Huthaut leicht abziehbar.

Lamellen: Weiß, rotfleckig. Nicht mit dem Stiel verwachsen.

Stiel: 5–15 cm lang. Weißrosa, faserig, an der Basis glatt, knollig, ohne Scheide. Geriefte Manschette.

Fleisch: Weißrosa bis stellenweise rot. Ältere Exemplare sehr oft madig.

Geruch: Unauffällig.

Geschmack: Erst mild, später beißend.

Verwendung: Zu Pilzmischgerichten. Die Huthaut vorher abziehen, sie ist leicht zäh. Gut erhitzen (mindestens 10 Minuten). Jung gut einzufrieren, aber nicht zu trocknen.

Verwechslung: Der bedingt essbare **Graue Wulstling** hat keine Rosa- oder Rotfärbung, ebenfalls eine geriefte Manschette, einen ungerieften Hutrand und ist weniger fest im Fleisch. Er hat ebenfalls eine Knolle ohne Scheide. Sein Speisewert ist umstritten – er muss vor der Zubereitung immer kurz blanchiert werden.
Mit dem sehr giftigen **Pantherpilz** (siehe Kasten).

Die Huthaut ist leicht abziehbar.

Scheidenstreifling

Fuchsiger Scheidenstreifling

Die schlanken Scheidenstreiflinge gibt es in etlichen Arten, die verschiedene Farben haben: z. B. orangegelb, fuchsrot-bräunlich und grau. Hier wird vor allem der Fuchsige oder Rotbraune Scheidenstreifling beschrieben.

Wann zu finden? Juni bis November.

Wo zu suchen? In Laub- und Nadelwäldern.

Wie verwerten? Sehr guter Speisepilz, nur wenig ergiebig.

Wichtige Merkmale

- Schlanke, hohe Gestalt
- Hut fuchsfarben bis rotbräunlich
- Deutlich geriefter Hutrand
- Stiel in deutlich gerandeter Scheide

Hut: ∅ 4–10 cm. Jung eiförmig, später gewölbt, glockig bis gebuckelt, dann ausgebreitet flach. Fuchsfarben bis rotbräunlich, mit hellerem, deutlich gerieftem Rand. Glatt, glänzend, selten mit Hüllresten.

Lamellen: Weiß bis cremefarben, dicht.

Stiel: 10–20 cm lang. Schlank, nach oben verjüngt, weiß oder hutfarben überhaucht, ohne Ring. Flockig oder genattert (wie Schlangenhaut gemustert). Innen weiß, hohl. Stiel an der Basis leicht verdickt in deutlicher Scheide.

Fleisch: Dünn, brüchig, weißlich.

Geruch: Schwach süßlich.

Geschmack: Sehr angenehm, nussartig.

Verwendung: Für Suppen und Mischgerichte. Gut kochen, da roh schwach giftig! Kaum lohnend zu konservieren.

Verwechslung: Andere Scheidenstreiflinge sind ebenso essbar, sie variieren in der Farbe von gelborange bis hell-/dunkelgrau. V. a. durch die verdickte Basis mit Scheide besteht Gefahr der Verwechslung mit den tödlich giftigen **Knollenblätterpilzen** (siehe Seite 36)!

Stiel in deutlich gerandeter Scheide.

Ähnlich und essbar: Grauer Scheidenstreifling.

Violetter Lacktrichterling

Lila Lacktrichterling, Blauer Lackpilz, Violetter Bläuling

Der Violette Lacktrichterling ist ein Farbtupfer im Wald. Kleine Exemplare können ganz verwendet werden. Diesen Pilz kann man im Mischgericht leicht wiedererkennen.

Wann zu finden? Von Juni bis November.

Wo zu suchen? In Laub- und Nadelwäldern, ohne besondere Bodenansprüche. Sehr gesellig in Familien.

Wie verwerten? Knackig im Biss, für Mischgerichte und Suppen.

Wichtige Merkmale

- Leuchtend violetter, zarter, elastischer Pilz
- Hutrand im Alter meist gerieft bis ausgefranst
- Ältere Stiele hohl werdend
- Weit stehende, ungleich lange Lamellen

Hut: ⌀ 1–6 cm. Anfangs kleinkugelig eingerollt, später unregelmäßig ausgebreitet. Oft in der Mitte genabelt und am Rand gerieft. Leuchtend dunkelviolett, besonders bei Feuchtigkeit. Bei Trockenheit und im Alter ausblassend bis weiß werdend.

Lamellen: Leuchtend violett wie der Hut, jedoch nicht ausblassend. Weit stehend.

Stiel: 4–12 cm lang. Älter hohl, oft verbogen und gedreht. Öfter madig.

Fleisch: Sehr dünn, elastisch, lilaviolett.

Geruch: Unauffällig pilzig.

Geschmack: Mild.

Verwendung: Als Mischpilz, gut geeignet für Suppen, Sülzen oder Pizza, zum Trocknen, Einfrieren und Einlegen.

Verwechslung: Die essbaren **Rötlichen** (fuchsrötlich) **und Zweifarbigen** (orange bis lila) **Lacktrichterlinge** unterscheiden sich vor allem durch die Farbe.
Mit dem giftigen **Rettichhelmling** (siehe Kasten).

Giftiger Doppelgänger

Der giftige **Rettichhelmling** hat einen hell lilafarbenen, gerieften Hut und weiße bis rosa Lamellen. Er riecht rettichartig.

Violetter Rötelritterling

Violetter Ritterling, Nackter Ritterling

Der Violette Rötelritterling ist ein kräftiger, lilafarbener Speisepilz, der bis in den Spätherbst hinein wächst. Seine oft grelle Färbung kann Pilzeinsteiger leicht abschrecken. Er ist relativ häufig und wächst auch in Hexenringen, wie die oft an gleichen Stellen vorkommende Nebelkappe, die ähnlich aussieht, aber nicht lila, sondern grau ist.

Dieser Pilz kann auch noch verwendet werden, wenn er Frost abbekommen hat, was bei fast allen anderen Pilzarten nicht möglich ist.

Wann zu finden? Von Juli bis Dezember.

Wo zu suchen? In Laub- und Nadelwäldern, auf humusreichen Böden. Oft in Gruppen oder Ringen.

Wie verwerten? Sehr wohlschmeckend und ein ergiebiger Speisepilz. Roh leicht giftig.

Wichtige Merkmale

- Hut leuchtend violett bis bräunlich und hellgrau
- Lamellen violett bleibend
- Geruch süßlich parfümartig

Violetter Rötelritterling

Giftige Doppelgänger

Der giftige **Safranfleischige oder Lila Dickfuß** riecht unangenehm nach Äther und hat einen stark keuligen Stiel. Sein Fleisch ist safrangelb.

Der giftige **Bocksdickfuß** riecht sehr unangenehm nach fauligen Kartoffeln und hat rostbraun verfärbende Lamellen.

Bedingt essbar: Dunkelvioletter Schleierling.

Nebelkappe: wächst oft neben Rötelritterlingen.

Hut: ∅ 4–12 cm. Jung leicht gewölbt und Hutrand eingerollt, später flach gewölbt, leicht wellig bis trichterförmig. Jung hellviolett bis lilabraun, später trocken ausblassend, heller violettgrau. Im Alter hellbraun. Bei Feuchtigkeit Mitte dunkler. Trocken glatt seidig oder feucht glänzend. Selten matt.

Lamellen: Lila bis lilagrau bleibend. Dicht gedrängt, ausgebuchtet.

Stiel: 5–10 cm lang. Schlank oder dick, weißlich längs gefasert auf violettem Grund. Basis oft keulig, knollig.

Fleisch: Violett bis weißgrau, später heller, weicher und wässrig. Selten madig.

Geruch: Angenehm, süß-aromatisch.

Geschmack: Angenehm, leicht süßlich.

Verwendung: Sehr vielseitig zu verwenden, ähnlich dem Austernseitling. Auch zum Einlegen und Einfrieren geeignet, jung auch zum Trocknen.

Verwechslung: Es gibt zahlreiche ähnliche, violett gefärbte Pilzarten, von denen einige giftig sind. Der **Dunkelviolette Schleierling** (auch **Dunkelvioletter Dickfuß**) ist intensiver dunkellila und feinfilzig-rau (wildlederartig). Er riecht intensiv nach frischem Leder. Er ist bedingt essbar, aber kein empfehlenswerter Speisepilz.
Mit dem giftigen **Saranfleischigen** oder **Lila Dickfuß** und dem giftigen **Bocksdickfuß** (siehe Kasten).

Hinweis: Die bedingt essbare **Nebelkappe** ist grauweiß und erscheint wie der Violette Rötelritterling spät im Jahr oft an ähnlichen Stellen.

Schopftintling

Spargelpilz, Porzellanpilz

Der junge Schopftintling zeigt sich als schlankes weißes Oval. Er wächst jedoch nach dem Sammeln weiter und entwickelt die schwarze „Tinte“.

Wann zu finden? Von Mai bis November.

Wo zu suchen? An Wald- und Wegrändern, auf Wiesen. Oft massenhaft.

Wie verwerten? Jung feiner Speisepilz. Sofort verwenden.

Wichtige Merkmale

- Hut jung weiß, schmal geschlossen, walzenförmig
- Bei Berührung und im reifen Stadium rasch „tintig“ zerfließend
- Längsfaseriger Stiel mit verschiebbarem Ring
- Fransig geschuppte Hutoberfläche

Hut: 2–12 cm hoch. Jung schmal oval, walzenförmig, am Stiel anliegend, dann glockig, im Alter mit nach außen gerolltem, fransigem Hutrand. Jung weiß, seidig, stark weiß geschuppt mit dunklerer Mitte, allmählich grauend, alt vom Hutrand her auflösend, schwarz zerfließend.

Lamellen: Fein, jung weiß, dann rosa, lila, schwarz verfärbt, zerfließend.

Stiel: 5–20 cm lang. Schlank, zart, längsfaserig, weiß, mit verschiebbarem Ring, hohl.

Fleisch: Weiß, zart, jung fest, dann weich.

Geruch: Angenehm pilzig.

Geschmack: Angenehm pilzig.

Verwendung: Direkt nach dem Sammeln, für Suppen und Mischgerichte oder pur gebraten. Jung besonders als Suppenpilz zu empfehlen. Nicht zu konservieren.

Verwechslung: Nicht zu verwechseln. Andere minderwertige oder ungenießbare **Tintlinge** sind nicht weiß oder wesentlich kleiner.

Ältere Hüte zerfließen tintenartig schwarz.

Echter Pfifferling

Eierschwamm, Reherl

Es gibt verschiedene Pfifferlingsarten, die sich sehr ähnlich sehen. Sie alle sind Leistlinge, das heißt sie haben Leisten anstelle von Lamellen unter dem Hut.

Alle essbaren Pfifferlinge sind wohlschmeckend und fest im Biss. Man kann sie jedoch nicht trocknen oder einfrieren, denn sie werden dadurch bitter. Der Echte Pfifferling, der hier beschrieben wird, ist mancherorts häufig, aber teilweise stark rückgängig und daher geschützt. Er sollte deshalb nur eingeschränkt gesammelt werden und nur dort, wo er häufig ist. Gute Alternative: Pfifferlinge vom Markt. Der Pfifferling ist nicht umsonst der meistgehandelte Marktpilz: Durch seinen Biss und sein Aroma eignet er sich für vielerlei Zubereitungsarten.

Wann zu finden? Von Juni bis November.

Wo zu suchen? In Laub- und Nadelwäldern, an Waldrändern und Gräben, gerne im Moos wachsend.

Wie verwerten? Schmackhafter, vielseitiger, sehr geschätzter Speisepilz.

Wichtige Merkmale

- Leuchtend gelbe, unregelmäßige Hüte
- Deutlich am Stiel herablaufende Leisten
- Oft in größeren Gruppen wachsend

Ungenießbarer Doppelgänger

Der **Falsche Pfifferling** kann dem Echten Pfifferling täuschend ähnlich sehen. Er hat aber viel dünneres, biegsames Fleisch und Lamellen, keine Leisten (Leisten sind kräftiger und stehen weiter entfernt).
Er ist nur schwach giftig und kann Verdauungsbeschwerden verursachen.

Pfifferlinge wachsen oft in Gruppen.

Hut: ∅ 1–8 (12) cm. Erst gewölbt mit eingerolltem Rand, später breit bis trichterförmig, wellig und unregelmäßig lappig. Hell- bis dottergelb, manchmal auch mit orangem Farbton. Glatt, fein, matt.

Leisten: Weit stehend, immer gegabelt, gelb wie der Hut.

Stiel: 2–6 (14) cm lang. Fest, zur Basis verjüngt, nach oben trichterförmig in den Hut übergehend. Gelb wie der Hut oder heller.

Fleisch: Weißlich bis gelb. Jung fest, später weich bis faserig. Selten von Maden befallen.

Geruch: Angenehm aromatisch.

Geschmack: Schwach, später leicht scharf.

Verwendung: Sehr vielseitig, vor allem für reine Pfifferlingsgerichte oder zu Wild. Frisch gekühlt etliche Tage haltbar. Nicht geeignet zum Trocknen oder Einfrieren, wird bitter.

Verwechslung: Mit dem essbaren **Amethystpfifferling**, der weißlich hellgelb mit dichten, anliegenden, violetten bis rötlichen Schuppen besetzt ist und mit dem ebenfalls essbaren **Rostfleckigen Pfifferling**, der auf dem Hut und am hellen Stiel rostfarben gefleckt ist.
Mit dem essbaren **Samtigen Leistling**, der zarter und feinfleischiger als der Echte Pfifferling ist und einen orangen Hut hat.
Mit dem ungenießbaren **Falschen Pfifferling** (siehe Kasten).

Essbare Farbvariante: Rostfleckiger Pfifferling.

Trompetenpfifferling

Kantharelle, Winterpfifferling, Durchbohrter Leistling

Der Trompetenpfifferling unterscheidet sich vom Echten Pfifferling durch seine ockerfarbenen und grauen Farbtöne sowie den weniger scharfen Geschmack.

Wann zu finden? Von Juli bis November.

Wo zu suchen? In feucht-moosigen Nadel- und Mischwäldern, häufig.

Wie verwerten? Sehr guter Speisepilz, vor allem für Soßen.

Wichtige Merkmale

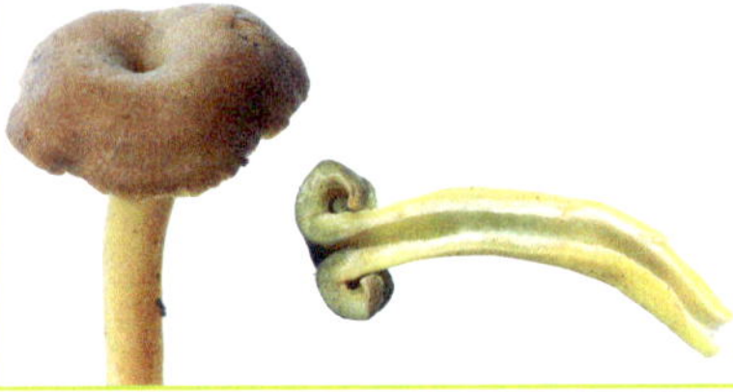

- Stiel kräftig gelb, Hut dunkler gelbbraun bis graugelblich
- Stiele hohl, Hüte oft durchbohrt
- Fleisch fest und elastisch

Hut: ⌀ 2–6 cm. Jung eingerollter Rand, später trompeten- oder trichterförmig ausgebreitet, oft genabelt, im Alter Einsenkung bis in den hohlen Stiel reichend, daher auch der Name Durchbohrter Leistling. Rand wellig, fransig, oft heller. Ockergelb bis olivbraun.

Leisten: Hellgrau bis graugelblich, Gegabelt, quer verbunden, entfernt stehend, am Stiel herablaufend.

Stiel: Graugelblich oder gelb, elastisch, hohl, rund oder flachgedrückt. Oft bilden mehrere Stiele die Basis für einen gemeinsamen Hut.

Fleisch: Sehr dünn, im Stiel faserig und leicht zäh.

Geruch: Schwach, leicht fruchtig bis erdig.

Geschmack: Mild.

Verwendung: Zu Mischgerichten. Als Beilage. Gut einzufrieren und zu trocknen.

Verwechslung: Essbarer Doppelgänger ist der **Starkriechende Pfifferling** (auch Goldstieliger Pfifferling). Er hat ebenfalls einen trompetenförmigen Hut, der ockergelb bis orangebraun ist. Die Unterseite ist runzelig-aderig, keine deutlichen Leisten. Das giftige **Gallertkäppchen** hat gummiartige Fruchtkörper, die Unterseite hat weder Leisten noch Runzeln.

Ebenfalls essbar: Starkriechender Pfifferling.

Herbsttrompete

Totentrompete, Füllhorn, Kraterpilz

Die Herbsttrompete ist ein Pilz von einzigartiger Gestalt mit einem Fruchtkörper ohne typischen Pilzhut und Stiel. Darin findet man gelegentlich kleine Käfer.

Wann zu finden? Von Juli bis November.

Wo zu suchen? In Laubwäldern unter Buchen und Eichen, selten in Nadelwäldern. Standorttreu.

Wie verwerten? Sehr würziger Speisepilz. Gut zu trocknen.

Wichtige Merkmale

- Fruchtkörper außen matt, aschgrau, innen schwarzbraun
- Trompetenform
- Dünnfleischig
- Oft büschelig wachsend

Hut: Ø der Trompeten bis 5 cm, Höhe bis 10 cm. Fast der gesamte Fruchtkörper wird bei diesem Leistling vom Hut gebildet. Tief trichter- oder trompetenförmig. Dünn, lappig, elastisch, feucht ledrig, im Alter etwas zäh. Innenseite schwarzbraun oder fast schwarz, fein samtfilzig. Außen aschgrau.

Leisten: Außen nur eine leichte Andeutung von Leisten in Form von matten, runzeligen, aschgrauen Längsadern.

Stiel: Bis 2 cm lang. Geht übergangslos und farblich gleich in den trompetenartigen Hut über.

Fleisch: Schwarz, dünn, elastisch.

Geruch: Schwach.

Geschmack: Leicht erdig.

Verwendung: Hervorragender Aromapilz für Suppen und Soßen. Im Ganzen zu trocknen, auch geeignet für Pilz-Würzpulver. Einfrieren möglich. Das Aroma wird intensiver durch Trocknen.

Verwechslung: Die Herbsttrompete hat keine essbaren oder giftigen Doppelgänger.

Die Leisten sind nur angedeutet.

Semmelstoppelpilz

Stoppelpilz

Von Weitem wirken Semmelstoppelpilze oft wie helle Pfifferlinge. Junge Pilze sind delikat in Geschmack und Biss. Alte Pilze werden bitter und unbekömmlich.

Wann zu finden? Von Juli bis November.

Wo zu suchen? In Laub- oder Nadelwäldern, auf kalkhaltigen Böden. Oft gehäuft in Reihen oder Hexenringen wachsend.

Wie verwerten? Guter Speisepilz, besonders im jungen Stadium.

Wichtige Merkmale

- Hut unregelmäßig, blassgelb bis lachsrosa
- Deutliche Stoppeln (auch Stacheln genannt) an der Hutunterseite
- Meist in Gruppen, auch in Hexenringen

Rotgelber Semmelstoppelpilz: eine Farbvariante und ebenso essbar.

Hut: ⌀ 3–12 cm. Erst gewölbt mit eingerolltem Rand, dann flach ausgebreitet und unregelmäßig stark wellig. Farbe variabel: weißlich, lachs- bis semmelfarben oder blass orangerötlich, zum Rand oft heller. Glatt, sehr matt, im Alter fettig wirkend. Mitte oft vertieft.

Stacheln / Stoppeln: 3–6 mm lang. Dicht stehend, zerbrechlich, lassen sich leicht vom Hut ablösen. Am Stiel herablaufend. Weißgelblich, älter lachsrot, meist heller als der Hut.

Stiel: 3–8 cm lang. Weißgelblich, heller als der Hut, Basis manchmal dunkler. Dick, stämmig, zylindrisch, auch gebogen. Feinsamtig. Hut oft seitlich angewachsen.

Fleisch: Weißlich gelb oder lachsfarben. Bei Verletzung dunkler werdend. Dick, fest, aber leicht brüchig, im Alter zäh.

Geruch: Angenehm.

Geschmack: Mild, später bitter.

Verwendung: Die mitunter bitteren Stacheln am besten entfernen. Ausgezeichnet zum Einlegen geeignet, da das Fleisch einen festen Biss hat. Gut als Pilzgeschnetzeltes oder Pilzfrikassee. Lange genug garen, um ihn besser verdaulich zu machen. Nicht zum Einfrieren oder Trocknen geeignet, wird dadurch bitter wie der Echte Pfifferling.

Verwechslung: Keine ungenießbaren oder giftigen Doppelgänger. Der essbare **Rotgelbe** und der **Weißliche Semmelstoppelpilz** sind ganz ähnlich. Sie variieren nur in der Hutfarbe.

Krause Glucke

Fette Henne

Dieser auffällige Pilz mit seiner besonderen Form ist hervorragend in Geschmack und Biss. Die Krause Glucke muss jung, fest und fast weiß sein.

Wann zu finden? Von Juli bis Oktober.

Wo zu suchen? Meist direkt am Fuß von Kiefern, selten unter anderen Nadelbäumen.

Wie verwerten? Jung ein sehr wohlschmeckender Speisepilz, im Alter zäh und bitter.

Wichtige Merkmale

- Blumenkohlartige Erscheinungsform
- Fleisch wachsartig
- Am Fuß von Kiefern

Form blumenkohlartig

Fleisch in Windungen verästelt

Fruchtkörper: Ø bis 30, maximal 50 cm. Dichte, krause, wellig gewundene Pilzblättchen bilden die Oberfläche des blumenkohlartig wachsenden Pilzes. Gelbweiß bis cremefarben, später mit bräunlichen Rändern, alt bräunlich bis braun.

Stiel: Der Strunk in der Erde teilt sich in aufsteigende, gewundene Äste. Strunk und Äste dick, fest und hell cremefarben.

Fleisch: Das Fleisch der „Rosetten" ist elastisch, zart, wachsartig bis spröde-knorpelig. Schmutzigweiß.

Geruch: Angenehm würzig, aromatisch.

Geschmack: Nussartig, im Alter bitter.

Verwendung: Vielseitig als Mischpilz oder pur. Nur jung verwenden, wird im Alter bitter. Verliert beim Einfrieren und Trocknen nicht an Qualität. Oft sehr verschmutzt. Die vom Strunk abgelösten Rosetten müssen ausnahmsweise gut unter fließendem Wasser gewaschen werden. Sehr zähe Strünke entfernen. Gut garen, um den Pilz besser verdaulich zu machen. Am besten vor der Verwendung blanchieren. Man kann die Krause Glucke frisch gekühlt bis zu zwei Wochen aufbewahren.

Verwechslung: Kaum zu verwechseln.
Die essbare **Breitblättrige Glucke** hat wellige, flache Äste.
Der essbare, aber geschützte **Eichhase** hat viele flache, bräunliche Hüte auf weißen Strünken.
Der **Klapperschwamm** hat zahlreiche fächer- bis muschelförmige, seitlich gestielte Einzelhüte.

… und dann im Topf

Feine Pilzküche

Das Sammeln, Bestimmen und Putzen von Pilzen ist ein Erlebnis. Das i-Tüpfelchen aber ist der Genuss der eigenen Ernte, denn Waldpilze sind naturgemäß weitaus aromatischer als Zuchtpilze.

Die Möglichkeiten der Pilzküche sind enorm vielfältig. In diesem Buch sind spezielle Rezepte passend zu den gesammelten Pilzen aus dem Bestimmungsbuch „Pilz in Sicht“ zu finden – aber auch für Pilze vom Markt, die ja nicht nur in der Pilzsaison, sondern ganzjährig zu haben sind. Die Rezepte sind bestens erprobt. Wichtig bei der Zubereitung sind die passenden Kombinationen und die gute Qualität der Zutaten.

Besonders beliebt sind Pilze bei Vegetariern, denn sie enthalten wertvolles Eiweiß. Sie können daher als Fleischersatz dienen oder sogar wie Fleisch zubereitet werden; das beste Beispiel ist das Schnitzel vom Parasolpilz.

Nach dem Sammeln

Das klassische Vergnügen von Pilzfreunden in der Saison ist es, vom Wald zurückgekehrt, die Ernte nach dem Putzen direkt in der Pfanne zu schmoren und gemeinsam zu genießen. An die Aha-Erlebnisse der Pilzwanderung kann man sich beim Sortieren und Reinigen nochmals erinnern.

Pilze putzen

Bereits im Wald beginnt man mit der ersten Säuberung der Pilze. Das erspart Zeit und Mühe zu Hause. Bei stark schleimigen Hüten wenn möglich gleich die Huthaut abziehen, madige Stellen abschneiden und Waldreste entfernen.

Zuhause werden alle Pilze ausgelegt, die einzelnen Arten zugeordnet und **nochmals genau bestimmt**. Je nach Menge und Pilzart entscheiden Sie, ob alle Pilze gleich verzehrt werden oder ob ein Teil getrocknet, eingefroren oder eingelegt wird.

Das gemeinsame Pilzeputzen macht Spaß und kann für Pilzfreunde fast ein Ritual sein. Es nimmt einige Zeit in Anspruch, sollte aber gleich nach dem Sammeln geschehen, um vor späteren Überraschungen sicher zu sein. Es könnte sonst passieren, dass am nächsten Tag einiges von Maden zerfressen ist. Wenn alle Exemplare gereinigt sind und kühl gelagert werden, kann die

Weiterverarbeitung auf den nächsten Tag verschoben werden.
Pilze sollte man immer trocken putzen, also nicht waschen, da sie sonst unnötig viel Feuchtigkeit aufnehmen. Ausnahme ist die Krause Glucke, die oft sandig ist und daher in Röschen zerteilt unter fließendem Wasser gereinigt wird.
Zuerst werden die Pilzhüte mit Küchenkrepp oder durch Schaben mit dem Messer gereinigt. Oft reicht es auch, wenn der Pilz nur mit den Fingern abgerieben wird. Bei Pilzen mit schleimigen Hüten und manchen älteren Lamellenpilzen sollte man die Huthaut, wenn möglich, abziehen. Dies geschieht vom Außenrand zur Mitte hin. Meist lässt sich die Huthaut ähnlich wie die Schale bei Pellkartoffeln abziehen. Danach wird die Stielbasis durch Schaben oder Schneiden geputzt.
Bei Röhrenpilzen werden die alten Röhren entfernt, indem man sie mit dem Messer vom Stiel nach außen abhebt. Die noch hellen, festen Röhren von jungen Röhrlingen werden nicht entfernt, sie enthalten viel Eiweiß. Bei Lamellenpilzen klopft man erst einmal mit der flachen Hand oder dem flachen Messer auf die Hutoberseite, so fallen schon die meisten Verunreinigungen aus den Lamellen heraus. Verbliebenen Schmutz oder kleine Tierchen entfernt man vorsichtig mit der Pilzbürste oder einem harten Pinsel.
Anschließend wird jeder Pilz der Länge nach halbiert, um das Innere auf Maden zu überprüfen. Besonders bei Steinpilz, Marone, Rotfußröhrling, Perlpilz und Champignon sollte auf Maden geachtet werden. Die befallenen Stellen werden herausgeschnitten. Bei madigen Steinpilzen sind die Stielaußenwände oft noch sehr gut für Steinpilzpulver zu verwenden, wenn der innere Madenfraß herausgeschabt wurde. Wenn Pilze nur einzelne Wurmgänge aufweisen, können sie noch sehr gut in Scheiben geschnitten zum Trocknen verwendet werden. Die wenigen kleinen Löcher sind nur ein optischer Mangel.

Utensilien zum Reinigen

- Küchenbrett
- Küchenkrepp
- Spitzes Küchenmesser
- Pilzbürste
- Kleiner, harter Pinsel

Nach dem Putzen

Im Anschluss an das Putzen der Pilze entscheiden Sie, welche Exemplare sich für welche Verwendung eignen. Zarte Lamellenpilze wie Schopftintlinge, Scheidenstreiflinge und Perlpilze muss man sofort frisch zubereiten.

- **Kühlen:** Frische Pilze – gereinigt und von Maden befreit – kann man maximal zwei bis drei Tage im Kühlschrank in einem Plastikgefäß aufbewahren, Pfifferlinge bis zu einer Woche.
- **Einfrieren:** Dafür sind junge, feste Pilze geeignet, außer Pfifferling und Semmelstoppelpilz.
- **Trocknen:** Zum Trocknen eignen sich feste Röhrlinge und feste Lamellenpilze.
- **Pilzpulver:** Pilzpulver wird aus Trockenpilzen hergestellt.
- **Einlegen:** Zum Einlegen in Essig oder Öl werden nur kleine, feste Stücke verwendet.

Einige Arten muss man vor der Verwendung blanchieren, zum Beispiel die Krause Glucke und Nebelkappe. Mehr zum Einfrieren, Trocknen, zu Pilzpulver und zum Einlegen steht auf den Seiten 122 bis 124.

Pilze zubereiten

Pilze haben ihr eigenes, unverwechselbares und durchaus unterschiedliches Aroma. Das bedeutet: Zuviel fremde Würze kann schaden. Zwiebeln, Petersilie, Salz und Pfeffer sind immer sichere Begleiter. Salz zieht Feuchtigkeit, daher sollte man immer erst nach dem Dünsten salzen. Darüber hinaus empfehlen sich Kräuter und Gewürze wie beispielsweise Majoran, Paprika, Muskat, Basilikum, Thymian, Oregano, Liebstöckel, Sellerie, Curry oder Sojasoße.

Weniger feste Pilze, zum Beispiel der Goldröhrling, eignen sich zur Herstellung von Pilzfüllungen. Trockenpilze können gut mit frischen kombiniert werden: Sie heben das Pilzaroma noch intensiver hervor. Dabei entsprechen 10 bis 15 g Trockenpilze einer Menge von 100 g frischen Pilzen. Festfleischige Trockenpilze brauchen lange Einweichzeiten in lauwarmem Wasser von mindestens zwei Stunden. Man kann sie auch über Nacht einweichen. Das Einweichwasser ist eine aromatische Grundlage für Suppen und Soßen.

Wichtige Kochtipps

- Roh dürfen nur wenige Arten verzehrt werden, zum Beispiel Champignon und Steinpilz.
- Einige Pilzarten sind roh giftig, die allermeisten sind roh unverträglich.
- Einige wild wachsende Pilze dürfen nicht mit Alkohol zubereitet und verzehrt werden. Sie können dann zu Verdauungsbeschwerden führen. Bei Zuchtpilzen besteht diese Gefahr nicht. Bei der Mehrheit der Waldpilze jedoch kann deren Aroma mit einem Schuss Sherry oder Weißwein noch verfeinert werden.
- Pilze sind mehr oder weniger schwer verdaulich. Je kleiner geschnitten, besser gegart und gekaut, desto bekömmlicher sind sie.
- Waldpilze sollte man, wie andere schwer verdauliche Kost, nicht täglich verzehren. Etwa zwei bis drei Pilzmahlzeiten wöchentlich sind für einen gesunden Körper gut verträglich.
- Die persönliche Ernährungsweise muss immer bedacht werden. In Einzelfällen können bei Empfindlichkeit Verdauungsprobleme, Übelkeit oder Allergien auftreten. Andererseits besitzen Pilze auch unterschiedliche Heilkräfte, wie die Mykotherapie zeigt.
- Das Kochen von Waldpilzen sollte immer unter Berücksichtigung der Garzeiten und aller hinweisenden Einschränkungen (z. B. Kochwasser wegschütten, nicht mit Alkohol garen usw.) geschehen. Für magenempfindliche Personen ist bei großen Pilzgerichten zur besseren Verdauung das Mitkochen von einer Prise Natron sinnvoll, ähnlich wie bei Kohl und Hülsenfrüchten.
- Je nach Wassergehalt und Festigkeit werden Pilze unterschiedlich lange gegart (siehe Rezepte).
- Vor dem Braten und Garen nicht salzen. Während des Kochens würzen und am Schluss salzen.
- Bereits gekochte Pilzgerichte können bis zu zwei Tage später wieder aufgewärmt werden, wenn sie in einem nichtmetallischen Gefäß gekühlt aufbewahrt werden.

Klare Pilzsuppe

Geeignete Pilze:
Kleine Exemplare von Goldröhrlingen, Maronen, Hexenröhrlingen, Rotkappen, Champignons, Lacktrichterlingen, Semmelstoppelpilzen. Nicht geeignet: Parasol.

Zubereitung:
etwa 30 Minuten

Tipp

Pilzpulver ist eine geniale Würze für Pilzgerichte. Man kann es gut selbst herstellen (siehe Seite 123). Im Handel findet man Pilz-Brühwürfel – eine Alternative zu Hühner- oder Gemüsebrühe.

Für 4 Personen:

- 120 g Pilze, frisch oder tiefgefroren
- ½ kleine Zwiebel oder 2 Frühlingszwiebeln
- 1 l kräftige Hühner- oder Gemüsebrühe
- 1 TL Pilzpulver
- 2 EL Pflanzenöl oder 2 EL Butter
- Kräutersalz
- Pfeffer aus der Mühle
- Petersilie zum Bestreuen

Die Pilze in sehr dünne Scheiben schneiden. Sehr kleine Pilze halbieren oder ganz lassen. Die Zwiebel schälen und in sehr feine Halbringe schneiden oder die Frühlingszwiebeln in dünne Ringe schneiden. Die Petersilie fein hacken.

Das Öl oder die Butter erhitzen und darin Zwiebeln und Pilze unter Rühren etwa 5 Minuten andünsten.

Die Brühe zugießen und aufkochen. 15 Minuten weiter sanft köcheln lassen.

Die Suppe mit Kräutersalz und Pfeffer abschmecken. Vor dem Servieren mit der fein gehackten Petersilie bestreuen.

Schopftintlingsuppe

Geeignete Pilze:
Schopftintlinge.

Zubereitung:
etwa 30 Minuten

Für 4 Personen:
- 300 g Schopftintlinge
- 1 Zwiebel
- ½ Bund Petersilie
- 2 EL Pflanzenöl
- 20 g Butter
- 1 l Gemüsebrühe
- Salz
- Pfeffer aus der Mühle
- 150 g Sahne

Tipp

Zu Pilzgerichten mit Schopftintlingen soll man nur wenig oder keinen Alkohol trinken, sonst kann es zu Unverträglichkeiten kommen.

Mit anderen Suppenpilzen wie Champignons oder jungen Perlpilzen zubereitet, erhält diese Suppe noch ein andersartiges Pilzaroma.

Die Zwiebel schälen und in kleine Würfel schneiden. Die Schopftintlinge in kleine Ringe schneiden. Die Petersilie fein hacken.

Das Öl erhitzen, darin die Zwiebelwürfel glasig dünsten. Die Schopftintlinge und die Petersilie dazugeben und bei niedriger Temperatur weitere 10 Minuten leicht dünsten.

Die Butter zugeben und die Gemüsebrühe angießen. 5 Minuten köcheln lassen. Anschließend mit dem Mixstab pürieren.

Die Suppe mit Salz und Pfeffer abschmecken. Zum Servieren direkt auf dem Teller etwas Sahne einrühren.

Steinpilzsuppe

Geeignete Pilze:
Frische Steinpilze, auch Champignons, Rotkappen, Maronen.

Zubereitung:
50 – 60 Minuten

Für 4 Personen:
- 4 mittelgroße Steinpilze (ca. 250 g)
- 2 große Kartoffeln
- ½ Zwiebel
- 2 EL Pflanzenöl
- 1 l Hühner- oder Gemüsebrühe
- Salz
- Pfeffer aus der Mühle
- Schabziegerklee (siehe Tipp) oder Kräutersalz
- Petersilie zum Bestreuen
- Sahne nach Belieben

Tipp

Der Schabziegerklee ist ein wunderbares Gewürz nicht nur für Suppen. Er ist verwandt mit dem Bockshornklee und hat ein ähnliches Kräuteraroma. Er ist getrocknet bei gut sortierten Gewürzständen oder in Feinkost-Gewürzabteilungen erhältlich.

Die Kartoffeln waschen und schälen. Zusammen mit den Pilzen in nicht zu feine Würfel schneiden. Die Zwiebel schälen und in feine Würfel schneiden. Die Petersilie fein hacken.

Das Öl in einem Topf erhitzen und die Zwiebelwürfel unter Rühren etwa 5 Minuten andünsten. Kartoffeln und Pilze dazugeben und 8 – 10 Minuten weiterdünsten. Dann die Brühe angießen. Aufkochen und 15 Minuten köcheln lassen. Anschließend mit dem Mixstab pürieren.

Mit Pfeffer, Salz und Schabziegerklee oder Kräutersalz abschmecken. Vor dem Servieren mit der gehackten Petersilie bestreuen. Nach Belieben noch einen Schuss Sahne zugeben.

Chinasupppe

Geeignete Pilze:
Zarte, dünnfleischige Pilze wie Herbsttrompete, Violetter Lacktrichterling, Trompetenpfifferling, Champignon, junger Schopftintling.

Zubereitung:
etwa 50 Minuten

Tipp

Bei Verwendung von Trockenpilzen diese vorher einweichen und ebenfalls in feine Streifen schneiden. Das Einweichwasser immer mitverwenden.

Kräftiger und gehaltvoller wird die Suppe mit etwas gewürfelter Hühnerbrust, die gleich zu Beginn mitgedünstet wird.

Für 4 Personen:

- 120 g frische Pilze
- ½ rote oder gelbe Paprika
- 2 Stängel Zitronengras
- 1 TL Pflanzenöl
- 50 g Sojasprossen
- 1 l Hühner- oder Gemüsebrühe
- 40 g Glasnudeln
- 1 EL Sojasoße
- 1 EL Essig
- etwas Zitronenmelisse oder Petersilie zum Bestreuen
- etwas Sambal oelek nach Belieben

Pilze und Paprikastreifen in dünne Streifen schneiden, kleine Pilze ganz lassen. Das Zitronengras längs in grobe Streifen schneiden. Petersilie oder Zitronenmelisse fein hacken.

Paprika und Pilze in Pflanzenöl 8 – 10 Minuten andünsten. Anschließend die Brühe angießen. Das Zitronengras hinzufügen und mitkochen lassen. 20 Minuten leicht köcheln lassen.

Währenddessen die Glasnudeln nach Packungsanweisung garen.

Das Zitronengras aus der Pilzbrühe nehmen. Die gegarten Glasnudeln und die Sojasprossen zur Suppe geben. Alles noch 2 – 3 Minuten köcheln lassen und mit Sojasoße, Essig und Sambal nach Belieben abschmecken.

Vor dem Servieren – am stilvollsten in Chinaschalen – mit Zitronenmelisse oder Petersilie bestreuen.

Steinpilz-Carpaccio

Geeignete Pilze:
Steinpilze, da sie die einzigen Röhrenpilze sind, die auch roh verzehrt werden können.

Zubereitung:
etwa 25 Minuten

Tipp

Die Zubereitung ist auch mit ganz rohen Steinpilzen möglich. Dann werden die mit den dünnen Pilzscheiben belegten Teller ohne Parmesankäse vor dem Servieren eine Minute unter den Grill geschoben. Erst danach werden die Marinade, die Kräuter und der Parmesan darüber verteilt.

Für 4 Personen:

- 400 – 500 g mittelgroße Steinpilze
- 2 EL Balsamico-Essig
- 4 EL Olivenöl oder Steinpilzöl
- Salz
- Pfeffer aus der Mühle
- 50 g Rucola (alternativ Gartenkresse oder Petersilie)
- etwas Parmesan zum Darüberhobeln

Die Steinpilze mit einem gut geschärften Messer in 2 mm dünne Scheiben schneiden. Bei älteren und größeren Exemplaren die Röhren entfernen. Den Rucola waschen und klein schneiden.

Die Pilzscheiben in leicht gesalzenem Wasser 10 – 20 Sekunden blanchieren. Mit der Schaumkelle herausnehmen und auf Küchenkrepp abtropfen lassen.

Die Pilzscheiben auf großen, flachen Tellern auslegen. Den Rucola auf den Pilzen verteilen.

Aus Essig und Öl, Salz und Pfeffer eine Marinade rühren und über die Pilze gießen. Parmesan darüberhobeln. Mit der Mühle überpfeffern. Dazu passt Baguette oder italienisches Weißbrot.

Gefüllte Champignons

Geeignete Pilze:
Wiesen-, Wald- oder Zuchtchampignons, andere Lamellenpilze mit noch halb geschlossenen Köpfen.

Zubereitung:
etwa 50 Minuten

Für 4 Personen:
- 8 mittelgroße Champignons
- 1 Schalotte
- 1 Tomate
- 2 Knoblauchzehen
- 1 TL frische Thymianblättchen
- 1 EL Petersilie
- 2 EL Butter
- 3 EL Parmesan, frisch gerieben
- 2 EL saure Sahne
- 2 EL Olivenöl
- 1 – 2 EL Semmelbrösel
- Salz
- Pfeffer aus der Mühle

Tipp

Kleine Pilzköpfe sind auch als Fingerfood oder für das Buffet geeignet.

Die Pilzstiele der Champignons herausdrehen und fein hacken. Die Schalotte schälen und fein hacken. Die Tomate enthäuten und in Würfel schneiden, dabei den Stielansatz entfernen. Die Knoblauchzehen schälen und zerdrücken. Thymian und Petersilie fein hacken.

Den Backofen auf 200 °C (Umluft 180 °C) vorheizen. Die Schalottenwürfel in der Butter glasig dünsten. Die gehackten Pilzstiele, Tomatenwürfel und Knoblauch zufügen und 5 Minuten köcheln.

Die Kräuter hinzufügen, Parmesan und saure Sahne unterziehen. Mit Salz und Pfeffer würzen. Nicht mehr erhitzen, sondern nur noch etwas ziehen lassen.

Eine feuerfeste Form mit 1 Esslöffel Olivenöl auspinseln. Die Pilzhüte mit der Masse füllen. Den Rand der Hüte mit Olivenöl einpinseln. Alles dünn mit Semmelbröseln bestreuen und im vorgeheizten Backofen etwa 15 – 20 Minuten backen.

Pilz-Crostini

Geeignete Pilze:
Gemischte Waldpilze, alle Röhrlingsarten, Perlpilze, Champignons, Pfifferlinge.

Zubereitung:
etwa 30 Minuten

Tipp

Rucola, Basilikum oder Petersilie – jedes Kraut gibt dem Gericht eine andere, gleichwohl vorzügliche Geschmacksnote. Es lohnt sich, alle Varianten auszuprobieren.

Für 4 Personen:

- 300 g Pilze
- 1 Zwiebel
- 50 g magerer Speck
- 3 Knoblauchzehen
- 2 Tomaten
- Je 1 Msp. Oregano und Thymian, getrocknet
- 3 EL Olivenöl
- 4 – 6 Stängel Rucola, Basilikum oder Petersilie
- Salz
- Pfeffer aus der Mühle
- 8 Scheiben italienisches Weißbrot (Ciabatta)
- Parmesan zum Darüberhobeln

Die Pilze in nicht zu feine Stücke schneiden, kleine Pilze ganz lassen. Die Zwiebel schälen und fein hacken. Den Speck in feine Würfel schneiden. Den Knoblauch schälen und zerdrücken. Die Tomaten nicht zu klein würfeln, dabei den Stielansatz entfernen. Die getrockneten Kräuter mörsern. Den Rucola fein hacken.

Das Öl in einer Pfanne erhitzen, die Zwiebeln mit dem Speck kurz anbraten. Pilze und Knoblauch zugeben und alles mit Oregano, Thymian und den frischen Kräutern würzen. Weitere 3 – 5 Minuten dünsten bis die Flüssigkeit verdampft ist. Mit Salz und Pfeffer abschmecken.

Die Weißbrotscheiben von beiden Seiten im Backofen rösten und die Masse darauf verteilen. Parmesan dünn darüberhobeln und warm servieren.

Blätterteigtaschen mit Pilzfüllung

Geeignete Pilze:
Mischpilze, Champignons, Perlpilze, alle Röhrlinge.

Zubereitung:
etwa 60 Minuten

Tipp

Dazu passen Blattsalat, Tomatensalat oder Rohkost aus geriebenen Roten Beten und Karotten.

Für 4 Personen:

- 200 g Pilze
- 4 Scheiben Tiefkühl-Blätterteig
- 1 Zwiebel
- 3 Stängel Petersilie
- 3 Stängel Liebstöckel
- 4 EL Pflanzenöl
- 1–2 EL Mehl
- ¼ l Brühe
- 4 EL Weißwein
- 100 g Sahne
- Salz
- Pfeffer aus der Mühle
- 3 Prisen Currypulver
- etwas Zitronensaft
- etwas Milch zum Bestreichen

Die Blätterteigplatten nebeneinander ausbreiten und auftauen lassen. Die Pilze in kleine Stücke schneiden. Die Zwiebel schälen und fein hacken. Petersilie und Liebstöckel fein hacken.

Die Zwiebeln in Öl glasig dünsten. Dann die Petersilie, den Liebstöckel und die Pilze dazugeben und 5 Minuten weiter dünsten.

Leicht salzen, mit dem Mehl bestäuben und verrühren. Brühe, Wein und Sahne angießen, alles verrühren und 10 Minuten zu einer Füllmasse einkochen lassen.

Mit Salz und Pfeffer, Curry und einigen Tropfen Zitrone abschmecken und abkühlen lassen.

Den Backofen auf 200 °C vorheizen (Umluft 180 °C). Die aufgetauten Blätterteigscheiben halbieren, so dass Quadrate entstehen. Mit der Füllmasse belegen, die Ränder mit Milch bestreichen und den Teig zu Dreiecken oder kleinen Vierecken zusammenklappen. Die Ränder fest mit einer Gabel zusammendrücken.

Auf der Oberseite mit der Gabel einstechen, damit die Taschen nicht platzen. Im vorgeheizten Backofen etwa 25 Minuten backen.

Pilzsalat

Geeignete Pilze:
Champignons und Steinpilze, da sie roh verwendbar sind.

Zubereitung:
etwa 60 Minuten

Für 4 Personen:
- 300 g frische rohe Pilze
- 400 g Salat, gemischt aus Endivien, Frisée, Chicorée, Lollo Rosso
- 10 Oliven ohne Stein
- 3 EL Kapern

Für die Marinade:
- 3 EL Olivenöl
- 3 EL Weinessig oder Balsamico
- 6 EL Saure Sahne
- 1 Knoblauchzehe
- Salz
- Pfeffer aus der Mühle
- 1 Prise Zucker

Tipp

Dazu passt Baguette, Toast oder kräftiges Bauernbrot.

Die Pilze in feine Scheiben schneiden. In einem Topf leicht gesalzenes Wasser zum Kochen bringen. Die Pilze etwa 1 Minute darin blanchieren und in einem Sieb abtropfen lassen.

Den Salat waschen, Blattsalate in kleinere Stücke zupfen, Chicoréeblätter ganz lassen. Die Oliven in Ringe schneiden. Die Kapern abtropfen lassen.

Den Knoblauch schälen, hacken und mit Salz zerdrücken. Mit den Zutaten für die Marinade verrühren.

Die Chicoréeblätter auf 4 großen Tellern sternförmig auslegen. Zuerst die Salatmischung, dann die Pilzscheiben darauf verteilen. Die Olivenringe und Kapern darüberstreuen und zuletzt die Marinade darüber verteilen.

Pilzkuchen

Geeignete Pilze:
Mischpilze aller Art, Röhren- und Blätterpilze.

Zubereitung:
45 Minuten plus Backzeit

Für 4 Personen (1 Springform):

- 400 g Tiefkühl-Blätterteig
- 200 g Pilze
- 1 große Zwiebel
- 150 g Lauch
- 1 kleine Zucchini (200 g)
- 2 Tomaten
- 30 g Schinken oder Frühstücksspeck
- 4 EL Oliven- oder Pflanzenöl
- 3 Eier
- 400 g Sauerrahm
- Muskat
- 1 Msp. Anis, gemörsert, nach Belieben
- Salz
- Pfeffer

Tipp

Den Pilzkuchen kann man auch mit einem salzigen Mürbteig zubereiten. Bei Fertig-Backteigen immer die Packungsangaben berücksichtigen, die teilweise voneinander abweichen.

Die Blätterteigplatten nebeneinander ausbreiten und auftauen lassen. Die Pilze in Scheiben schneiden. Die Zwiebel schälen und fein hacken. Den Lauch putzen und in dünne Ringe schneiden. Die Zucchini in Scheiben oder Würfel schneiden. Die Tomaten würfeln, dabei den Stielansatz entfernen. Den Schinken oder Frühstücksspeck würfeln.

Zwiebeln und Pilze in 2 Esslöffel Öl 10 – 15 Minuten dünsten und leicht salzen. In einer zweiten Pfanne im restlichen Öl Schinken, Lauch, Zucchini und Tomaten 5 – 10 Minuten dünsten, dann leicht mit Pfeffer und Salz würzen.

Den Backofen auf 200 °C (Umluft 180 °C) vorheizen. Die Springform mit Backpapier auslegen und darauf den aufgetauten Blätterteig auslegen, die Teile gut verbinden und einen 2 – 3 cm hohen Rand bilden. Den Boden mehrmals mit einer Gabel einstechen. Pilze und Gemüse vermengen und die ausgelegte Form damit füllen.

Eier und Saure Sahne verquirlen. Mit Salz, Pfeffer, Anis und Muskat kräftig würzen und über die Pilzgemüsemasse gießen. Im Backofen etwa 30 – 35 Minuten backen.

Einfach, aber raffiniert

Rührei mit Pilzen

Geeignete Pilze:
Champignons, Pfifferlinge, Mischpilze aus Röhrlingen und Lamellenpilzen.

Zubereitung:
etwa 35 Minuten

Für 4 Personen:

- 250 g Pilze
- 1 Frühlingszwiebel
- 3 Stängel Petersilie
- 8 Eier
- 5 EL Milch
- Salz
- Zucker
- Pfeffer
- 4 Prisen Kräutersalz, Pilzpulver oder Schabziegerklee (siehe Seite 74)
- Butter zum Braten

Tipp

Dazu passt Salat, gemischte Rohkost oder gedämpfter Spinat. Auf Toast oder Bauernbrot serviert ist Pilzrührei fein beim Brunch oder als Vorspeise.

Die Pilze in gröbere Stücke schneiden. Die Frühlingszwiebel fein hacken. Die Petersilie ebenfalls fein hacken. Die Eier mit der Milch und je 1 Prise Salz und Zucker verquirlen.

Die Butter in einer großen Pfanne zerlassen. Die Pilze mit der Frühlingszwiebel 8 – 10 Minuten darin andünsten, dabei ständig rühren.

Die verquirlten Eier zu den Pilzen in die Pfanne geben, kurz stocken lassen und Salz, Pfeffer, Gewürze und Petersilie hinzufügen. Das Rührei am besten in zwei Etappen oder in zwei Pfannen zubereiten, bei zu viel Ei in der Pfanne wird es zu fest.

Stets wenden, bis es nicht mehr flüssig, aber noch großflockig locker ist. Keinesfalls zu lange erhitzen, sonst verliert das Rührei sein feines Aroma.

Auf vorgewärmte Teller oder eine Platte heben und sofort servieren.

Einfach, aber raffiniert

Steinpilzgratin

Geeignete Pilze:
Getrocknete Steinpilze.

Zubereitung:
etwa 50 Minuten (ohne Backzeit)

Für 4 Personen:

- 1 kg Kartoffeln (festkochend)
- 30 g getrocknete Steinpilze, nicht eingeweicht
- ½ TL Majoran, getrocknet
- Muskat
- ½ Bund Petersilie
- Salz
- Pfeffer aus der Mühle
- 1 Knoblauchzehe
- ¼ l Milch
- ¼ l Sahne
- 2 Eier
- 70 g Gruyère oder Bergkäse
- Butter zum Fetten der Form und zum Belegen

Tipp

Das Gratin schmeckt auch mit anderen getrockneten Röhrlingen sehr delikat, etwa mit dem Flockenstieligen Hexenröhrling.

Wichtig ist bei diesem Rezept, dass man die Trockenpilze nicht einweicht. Dadurch behalten sie die richtige Bissfestigkeit.

Kartoffeln waschen, schälen und in sehr dünne Scheiben hobeln. Den Majoran fein mörsern. Die Petersilie fein hacken. Kartoffelscheiben mit Majoran, Petersilie, Muskat, Salz und Pfeffer würzen und alles gut vermischen oder jede Kartoffelschicht in der Form würzen.

Den Käse grob reiben. Den Backofen auf 180 °C (Umluft 160 °C) vorheizen.

Eine flache Auflaufform mit einer geschälten, halbierten Knoblauchzehe gründlich ausreiben und gut ausbuttern. Eine Schicht Kartoffeln hineinlegen, dann eine Schicht getrocknete Steinpilze und so weiter im Wechsel. Mit Kartoffeln als oberster Schicht abschließen.

Die Sahne mit der Milch, den Eiern und etwas Salz und Pfeffer verquirlen. Über die Kartoffeln gießen. Die Flüssigkeit sollte bis kurz unter die oberste Schicht reichen, die Kartoffeln sollen nur wenig herausschauen. Mit dem Käse bestreuen und reichlich Butterflöckchen auf das Gratin setzen. Im Backofen zunächst etwa 25–30 Minuten offen backen, bis das Gratin goldgelb ist. Dann mit Alufolie abdecken und noch weitere 15–20 Minuten (insgesamt also 40–50 Minuten) weiterbacken.

Einfach, aber raffiniert

Gnocchi mit Pilzen

Geeignete Pilze:
Maronen-, Rotfußröhrlinge, Perlpilze, Champignons, auch nur Pfifferlinge oder Trompetenpfifferlinge.

Zubereitung:
ohne Kartoffeln vorkochen etwa 50 Minuten

Tipp

Die Pilzbutter ist auch sehr delikat zu Kartoffelbrei oder Kartoffelklößen.

Für 4 Personen:

- 120 g Pilze
- 1 kg Kartoffeln, am Vortag gekocht und geschält
- 2 Eier
- 2–4 EL Mehl nach Bedarf
- Salz
- Pfeffer aus der Mühle
- Petersilie zum Bestreuen
- Olivenöl zum Braten
- 50–70 g Butter

Größere Pilze klein schneiden, kleine Pilze ganz lassen. Die gekochten Kartoffeln durch eine Kartoffelpresse in eine Schüssel drücken. Die Petersilie fein hacken.

Pilze in etwas Olivenöl 15 Minuten andünsten. Mit Salz und Pfeffer würzen, dann die Butter dazugeben und beiseite stellen. Kurz vor dem Servieren nochmals erwärmen.

Aus den durchgepressten Kartoffeln mit den Eiern, etwas Mehl und etwas Salz einen Gnocchiteig herstellen, der nicht zu klebrig ist – sonst noch etwas Mehl hinzufügen. Aus dem Teig daumendicke Rollen formen und diese in 2 cm dicke Scheiben schneiden. Mit dem Daumen eine Delle oder mit Gabelzinken ein Muster eindrücken.

In einem großen Topf Salzwasser zum Kochen bringen. Die Gnocchi in leicht siedendem Salzwasser garen bis sie oben schwimmen.

Gnocchi mit einer Schaumkelle abschöpfen, kurz abtropfen lassen und auf vorgewärmte Teller geben. Die Pilz-Buttersoße darübergießen, mit Petersilie bestreuen und sofort servieren.

Einfach, aber raffiniert

Ravioli mit Pilzfüllung

Geeignete Pilze:
Steinpilze, Maronen-, Gold- und Sandröhrlinge, Birkenpilze, Rotkappen, Champignons.

Zubereitung:
ohne Einweichzeit 60 – 70 Minuten

Tipp

Dazu passt die Pilzbutter aus dem Rezept auf Seite 94. Es gibt vielerlei Teigrädchen oder Ausstecher zur Raviolierherstellung im Handel.

Für 4 Personen:

- 500 g Fertig-Nudelteig (Kühlregal)
- 400 – 500 g frische Pilze oder 60 – 70 g Trockenpilze
- 1 große Zwiebel
- 1 EL Butter
- 3 Stängel Petersilie
- 1 TL Oregano, getrocknet
- 1 TL Mehl
- 2 EL Sahne
- 2 EL Parmesan, frisch gerieben
- Salz
- Pfeffer aus der Mühle
- 1 Ei zum Bestreichen

Fertigen Nudelteig nach Packungsanleitung verarbeiten.

Trockenpilze 2 Stunden in warmem Wasser einweichen. Pilze in feine Würfel schneiden. Die Zwiebel schälen und fein hacken. Die Petersilie fein hacken.

Butter in einer Pfanne zerlassen. Die Zwiebel- und Pilzwürfel in der Butter anbraten, bis die Flüssigkeit eingekocht ist. Petersilie und Oregano zugeben, mit dem Mehl bestäuben und kurz weiterdünsten. Die Sahne zugeben, kurz aufkochen und den Parmesan unterrühren. Mit Salz und Pfeffer abschmecken.

Nudelteig nach Belieben dünner ausrollen. Kreise von etwa 5 cm Durchmesser oder Quadrate ausstechen.

Die Teigstücke mit etwas Pilzfüllung belegen. Den Rand mit verquirltem Ei bestreichen. Mit zweitem Teigstück bedecken und die Ränder mit einer Gabel zusammendrücken.

In einem großen Topf Salzwasser zum Kochen bringen. Die Ravioli darin so lange garen bis sie oben schwimmen. Dann vorsichtig mit dem Schaumlöffel abschöpfen, kurz abtropfen lassen und servieren.

Einfach, aber raffiniert

Pappardelle mit Steinpilzen

Geeignete Pilze:
Steinpilze.

Zubereitung:
40 Minuten ohne Einweichzeit

Für 4 Personen:

- 250 g Steinpilze, frisch oder tiefgefroren (nicht vorher auftauen. Richtig einfrieren > siehe Seite 122)
- oder 30 g Steinpilze, getrocknet
- 1 kleine Zwiebel
- 25 g Butter
- 100 g Schmelz- oder Frischkäse
- 400 ml Sahne
- 50 g gekochter Schinken
- Öl zum Anbraten
- Salz
- Pfeffer aus der Mühle
- 500 g Pappardelle (breite Bandnudeln)

Tipp

Getrocknete, eingeweichte Steinpilze kommen direkt, ohne Anbraten, mit dem Pilzwasser zur Soße. Das Steinpilzaroma ist dann noch ausgeprägter.

Trockenpilze 1 – 2 Stunden in lauwarmem Wasser einweichen. Frische Steinpilze in dünne Scheiben scheiden. Den gekochten Schinken in Streifen schneiden. Die Zwiebel schälen und sehr fein hacken.

In einem Topf die Butter zerlassen und die Zwiebelwürfel darin goldgelb dünsten. 2/3 der Sahne zugießen und den Schmelz- oder Frischkäse in kleinen Stückchen darin auflösen.

In einer Pfanne das Öl erhitzen, die Pilze mit den Schinkenstreifen kurz anbraten und leicht salzen und pfeffern. Dann in die Soße geben, mit Salz und reichlich Pfeffer nochmals würzen und auf kleiner Flamme 12 – 15 Minuten einköcheln lassen.

Währenddessen in einem großen Topf reichlich Salzwasser zum Kochen bringen und die Pappardelle darin bissfest kochen. Die restliche Sahne zur Pilzsoße geben und ganz kurz aufkochen lassen.

Die Pappardelle auf vorgewärmte Teller geben. Die Steinpilzsoße darüber verteilen und frisch aus der Mühle abpfeffern. Sofort servieren.

Einfach, aber raffiniert

Spaghetti mit Herbsttrompeten

Geeignete Pilze:
Herbsttrompeten.

Zubereitung:
etwa 40 Minuten

Für 4 Personen:

- 250 g frische oder 35 g getrocknete Herbsttrompeten
- 3 große Knoblauchzehen
- 4 Stängel Basilikum
- 1 Tomate
- je ½ TL Oregano und Thymian, getrocknet
- 4 EL Butter oder Olivenöl
- 100 ml Milch oder Sahne
- Kräutersalz oder Schabziegerklee (siehe Seite 74)
- Salz
- Pfeffer aus der Mühle
- 500 g Spaghetti

Tipp

Die Herbsttrompete hat zwei Vorteile: Erstens findet man sie meist sehr zahlreich, weil sie in größeren Gruppen wächst. Zweitens ist sie ideal zum Trocknen geeignet: Ihr Aroma tritt so noch stärker hervor.

Trockenpilze etwa 30 Minuten in lauwarmem Wasser einweichen. Frische Herbsttrompeten etwa 1 cm breit (quer zu den Leisten) schneiden, kleine ganz lassen. Die Knoblauchzehen schälen und mit Salz zerdrücken. Basilikumblätter von den Stängeln zupfen und klein schneiden. Die Tomate klein würfeln, dabei den Stielansatz entfernen. Oregano und Thymian in einem Mörser fein zerreiben.

Die Pilze in Butter und Öl andünsten. Knoblauch, Tomate, Oregano und Thymian zugeben. Alles 15–20 Minuten köcheln lassen.

Milch oder Sahne angießen und Basilikum dazugeben. Noch weitere 5 Minuten köcheln lassen, dann mit Pfeffer, Salz und Schabziegerklee oder Kräutersalz abschmecken.

Währenddessen in einem großen Topf reichlich Salzwasser zum Kochen bringen und die Spaghetti darin al dente, also bissfest, kochen und abgießen.

Die Pilzsoße direkt zu den Spaghetti geben, durchmischen und sofort auf vorgewärmten Tellern servieren und mit ein paar frischen Basilikumblättchen bestreuen.

Parasolschnitzel

Geeignete Pilze:
Flache Hüte vom Parasol.

Zubereitung:
etwa 40 Minuten

Für 4 Personen:

- 4 große Parasolhüte oder entsprechend mehrere kleine
- etwas Senf
- 4 Stängel Petersilie
- 2 – 3 Eier
- etwas Mehl
- Semmelbrösel
- Salz
- Pfeffer aus der Mühle
- Pflanzenöl zum Braten
- Sauce tartare und Zitronenachtel zum Servieren

Tipp

Steinpilze in Scheiben sind ebenso gut für Pilzschnitzel geeignet. Kleine flache Pilzhüte, so zubereitet, sind in Italien eine beliebte Vorspeise. Eine Geschmacksvariante bringt etwas Curry- oder Paprikawürze.

Die Parasolhüte reinigen, nicht waschen, die Oberseiten leicht befeuchten. Die Hüte sehr dünn mit Senf bestreichen, leicht salzen und pfeffern. Petersilie fein hacken.

Drei tiefe Teller für die Panade bereiten: In den ersten etwas Mehl füllen, in dem zweiten die Eier mit der gehackten Petersilie verquirlen, mit Salz und Pfeffer würzen. In einen dritten die Semmelbrösel geben.

Die Hüte von beiden Seiten erst in Mehl, dann in der Eiermasse, dann in den Semmelbröseln wenden. Sie sollen lückenlos von der Panade bedeckt sein.

In einer Pfanne reichlich Öl nicht zu stark erhitzen und die Hüte nacheinander bei mittlerer Hitze von jeder Seite etwa 3 – 5 Minuten braten bis sie schön goldbraun sind. Dabei mit dem Pfannenwender immer wieder kräftig flach pressen. Warm stellen bis alle Hüte gebacken sind.

Mit Zitronenachteln und Sauce tartare servieren. Dazu passen Kartoffelsalat oder eine bunte Salatplatte.

Pfifferlinge in Sahnesoße

Geeignete Pilze:
Alle Pfifferlingsarten, Trompetenpfifferling, Semmelstoppelpilz, auch gemischt.

Zubereitung:
etwa 45 Minuten

Für 4 Personen:

- 600 g Pfifferlinge
- 2 Zwiebeln
- 2 EL Butter
- 2 EL Pflanzenöl
- $^{1}/_{8}$ l kräftige Gemüse- oder Hühnerbrühe
- 300 ml Sahne
- 200 g Crème fraîche
- 1 Prise Currypulver
- Salz
- Pfeffer aus der Mühle

Tipp

Pfifferlinge haben einen schönen Biss und sollten deshalb nicht zu klein geschnitten werden. Zu den Sahne-Pfifferlingen passen Semmelknödel, Rösti oder Kartoffeln.

Die geputzten Pilze in nicht zu kleine Stücke schneiden: Große längs halbieren oder in Streifen schneiden, kleine ganz lassen. Die Zwiebeln schälen und fein hacken.

Die Butter mit dem Öl in einer Pfanne erhitzen. Die Pilze darin mit den Zwiebeln 5 – 10 Minuten unter Rühren andünsten. Mit der Brühe ablöschen und 15 Minuten weiter köcheln lassen.

Die Sahne und die Crème fraîche miteinander verquirlen und unterziehen. Kurz erhitzen, aber nicht mehr kochen lassen. Mit den Gewürzen abschmecken.

Pilzklöße

Geeignete Pilze:
Marone, Birkenpilz, Sandröhrling, Goldröhrling, Scheidenstreifling, nicht zu festfleischige Röhren- oder Blätterpilze.

Zubereitung:
etwa 60 Minuten

Tipp

Wenn Reste übrig bleiben, schmecken diese am nächsten Tag in Scheiben geschnitten und in Butter gebraten.

Für 4 Personen:

- 300 g Pilze
- 4 Brötchen
- 1 Zwiebel
- 2 Stängel Petersilie
- 100 g Butter
- 3 Eier
- 50 g Semmelbrösel
- ½ unbehandelte Zitrone oder 2 Zweige Zitronenmelisse
- 3 – 4 EL Mehl
- Muskat
- Salz

Die Brötchen in lauwarmem Wasser einweichen. Die Pilze sehr fein hacken oder mit dem Mixstab pürieren. Die Zwiebel schälen und sehr fein hacken. Die Petersilie fein hacken. Die Zitrone heiß abwaschen, abtrocknen und die Schale abreiben oder die Zitronenmelisseblättchen fein hacken.

30 g Butter zerlassen. Zwiebel, Pilze und Petersilie darin etwa 15 Minuten unter Rühren dünsten. Mit Salz, Muskat und Zitronenschale würzen und beiseite stellen.

Die eingeweichten Brötchen ausdrücken. Die restliche Butter zerlassen und mit den Brötchen und den verquirlten Eiern vermengen. Die gedünstete Pilzmasse sowie die Semmelbrösel und etwas Mehl dazugeben und alles gut durchkneten, so dass ein gut formbarer und nicht zu klebriger Kloßteig entsteht. Bei Bedarf noch etwas Mehl hinzufügen.

In einem großen Topf reichlich Salzwasser zum Kochen bringen, dann nach Belieben mehrere große oder kleinere Klöße – rund oder oval – formen und im Salzwasser ohne Deckel etwa 10 Minuten sieden bis sie aufsteigen.

Wenn die Klöße oben schwimmen, mit dem Schaumlöffel herausheben und kurz abtropfen lassen. Mit zerlassener Butter und gehackter Petersilie servieren.

Pilzpfanne

Geeignete Pilze:
Gemischte frische Waldpilze, alle essbaren Arten sind geeignet.

Zubereitung:
etwa 60 Minuten

Für 4 Personen:
- 600 – 700 g gemischte Waldpilze
- 2 – 3 Zwiebeln
- 1 Knoblauchzehe
- 1 Bund glatte Petersilie
- 2 Zweige Zitronenmelisse
- 2 Tomaten
- 6 EL Pflanzenöl
- Salz
- weißer Pfeffer aus der Mühle
- 1 EL Butter

Tipp

Größere Mengen in zwei großen Pfannen zubereiten. In der ersten Pfanne ein Drittel der Menge in heißem Öl anbraten, bis ein großer Teil der Flüssigkeit eingekocht ist. In der zweiten Pfanne auf kleiner Flamme weiterdünsten. Genau so mit dem zweiten und dritten Drittel verfahren.

Pilze in kleine Stücke schneiden. Die Zwiebeln schälen und in dünne Streifen schneiden. Die Knoblauchzehe schälen und zerdrücken. Die Petersilie und die Zitronenmelisseblättchen hacken. Die Tomaten klein schneiden, dabei den Stielansatz entfernen.

In einer großen Pfanne das Öl erhitzen und die Pilze mit den Zwiebeln unter häufigem Wenden etwa 10 Minuten anbraten. Die Petersilie, die Zitronenmelisse, die Tomaten und den Knoblauch zugeben und alles weitere 5 Minuten dünsten. Die Butter zufügen, mit Salz und Pfeffer würzen und abschmecken.

Dazu passen Salz-, Pell- oder Petersilienkartoffeln. Eine einfache Soße dazu: Je einen Klecks Joghurt und Sahne verrühren.

Glucke mit Lauch

Geeignete Pilze:
Krause Glucke.

Zubereitung:
etwa 45 Minuten nach Vorbereitung

Für 4 Personen:

- 400 g Krause Glucke, frisch oder tiefgefroren
- 1 Stängel junger Lauch
- ¼ l Hühnerbrühe
- ½ Bund Liebstöckel oder Petersilie
- Muskat
- 2 EL Weißwein
- 10 Paranüsse, geschält
- Salz
- Pflanzenöl zum Braten

Tipp

Leckere Variante: Anstelle des Lauchs 300 g Frühlingszwiebeln verwenden, die heute fast ganzjährig zu haben sind.

Feine, mundgerechte Gluckenröschen abtrennen und unter fließendem Wasser säubern. In einem Küchensieb gut abtropfen lassen. Den Strunk nicht verwenden. Den Lauch in Ringe schneiden. Liebstöckelblättchen oder Petersilie fein hacken.

In einer Pfanne 2 Esslöffel Öl erhitzen und den Lauch 5 Minuten anbraten. Herausnehmen. Nochmals 2 Esslöffel Öl erhitzen und die Gluckenröschen ebenfalls 5 Minuten anbraten. Den Lauch wieder hinzufügen und beides zusammen weitere 3 Minuten dünsten.

Mit der Hühnerbrühe ablöschen und etwas 5 – 10 Minuten einkochen lassen. Mit wenig Muskat, Liebstöckel oder Petersilie und Salz würzen und abschmecken. Den Weißwein zugeben und noch ganz kurz weiter köcheln lassen.

Vor dem Servieren die Paranüsse darüberhobeln oder -raspeln. Dazu passen Kartoffeln oder Reis.

Wok mit Pilzen

Geeignete Pilze:
Herbsttrompete, Violetter Lacktrichterling, Trompetenpfifferling, Champignon.

Zubereitung:
50 – 60 Minuten

Für 4 Personen:

- 300 g frische Pilze
- 1 kleine Zwiebel
- Je ½ gelbe, rote und grüne Paprika
- 2 Karotten
- 1 kleine Stange Lauch oder 4 – 6 Blätter Chinakohl
- 150 g Sojasprossen
- 1 Zitronenblatt oder 1 Stängel Zitronengras
- 2 TL dunkle Sojasoße
- Kräutersalz oder Schabziegerklee (siehe Seite 74)
- 20 g Glasnudeln
- Salz
- Pfeffer aus der Mühle
- Pflanzenöl zum Braten

Tipp

Schmeckt „verschärft“ mit etwas Sambal oelek. Die Flüssigkeit kann auch nach Belieben mit 1 – 2 Esslöffeln Reismehl gebunden werden

Die Pilze nicht zu klein schneiden. Zwiebel schälen und in schmale Halbringe schneiden. Paprika entkernen und in schmale Streifen schneiden. Die Karotten in dünne Stifte oder Scheiben schneiden. Den Lauch in dünne Ringe schneiden. Zitronengras längs in grobe Streifen schneiden.

Im Wok oder einer tiefen Pfanne wenig Öl erhitzen. Der Reihe nach Zwiebeln, Pilze und die Gemüse getrennt etwa 3 Minuten braten, dann wieder zusammen in den Wok geben. Sojasoße, Zitronenblatt oder Zitronengras und Gewürze hinzugeben.

10 Minuten weiter köcheln lassen. Dabei nach und nach mit 4 – 6 Esslöffeln Wasser feucht halten. Mit Salz, Pfeffer und Sojasoße abschmecken.

Währenddessen die Glasnudeln in Salzwasser nach Packungsangabe garen, abgießen und zuletzt untermischen. Das Zitronengras vor dem Servieren herausnehmen.
Dazu passt Basmati- oder Langkornreis.

Frikassee mit Semmelstoppelpilzen

Geeignete Pilze:
Semmelstoppelpilze, Pfifferlinge, Flockenstieliger Hexenröhrling.

Zubereitung:
etwa 60 Minuten

Für 4 Personen:
- 400 g Pilze
- 1 Zwiebel
- 1 Sardelle
- 1 EL Butter
- 1 EL Pflanzenöl
- ½ l Gemüsebrühe
- 1 Nelke, zerstoßen oder 1 Prise Nelkenpulver
- 1 Lorbeerblatt
- 1 TL Zitronensaft
- 1 EL Weißwein
- 1 EL Kapern
- 1 EL Saure Sahne
- 1 Eigelb
- Salz
- Pfeffer aus der Mühle

Tipp

Dieses Frikassee ist auch als klassische Variante in Blätterteigpastetchen ein Genuss, natürlich begleitet von der passenden Worcestersoße.

Die Pilze in kleine Stücke schneiden. Die Zwiebel schälen und fein hacken. Die Sardelle klein hacken.

In einem Topf Butter und Öl erhitzen. Pilze und Zwiebelwürfel darin unter Rühren etwa 7 – 8 Minuten andünsten. Die Gemüsebrühe zugießen. Sardelle, Lorbeerblatt, Nelke und Pfeffer zugeben und 20 Minuten sanft köcheln lassen.

Das Frikassee mit Salz, Zitronensaft und Weißwein abschmecken. Die Kapern hinzugeben. Das Lorbeerblatt entfernen. Zuletzt von der heißen Herdplatte nehmen und ohne weiteres Erhitzen Saure Sahne und Eigelb verrühren und unterziehen.

Dazu passt Reis oder Bulgur (in türkischen Lebensmittelgeschäften).

Rötelritterlinge mit Leber

Geeignete Pilze:
Violetter Rötelritterling.

Zubereitung:
etwa 50 – 60 Minuten

Für 4 Personen:

- 300 g Pilze
- 1 große Zwiebel
- 2 Stängel Petersilie
- 300 g Rinds- oder Kalbsleber
- 2 EL Weinessig nach Belieben
- ½ TL Paprika edelsüß
- 100 g Saure Sahne
- Salz
- Pfeffer aus der Mühle
- Pflanzenöl zum Braten

Tipp

Auch Marktpilze wie Austernseitling, Winterpfifferling und Champignon sind für dieses Rezept geeignet – für den Genuss außerhalb der Pilzsaison.

Die Pilze in Stücke oder Streifen schneiden. Die Zwiebel in feine Ringe oder Halbringe schneiden. Die Petersilie fein hacken. Die Leber unter kaltem Wasser abspülen, trockentupfen und in Streifen schneiden.

In einer Pfanne etwas Öl erhitzen. Die Pilze mit der Hälfte der Zwiebeln 10 Minuten darin anbraten. Gehackte Petersilie, Pfeffer und Salz zugeben.

In einer zweiten Pfanne etwas Öl erhitzen und die in Streifen geschnittene Leber mit den restlichen Zwiebeln darin 3 – 5 Minuten anbraten. Mit Paprika, Salz und Pfeffer würzen und mit Essig und 2 Esslöffeln Wasser ablöschen.

Die Kochhitze reduzieren, die Pilzpfanne zur Leber geben, die Saure Sahne unterziehen und alles noch 1 Minute erhitzen. Dazu passen Kartoffelpüree, Bratkartoffeln, Reis oder breite Nudeln.

Kalbsröllchen mit Pilzfüllung

Geeignete Pilze:
Steinpilze, alle Speiseröhrlinge, Champignons und Mischpilze.

Zubereitung:
etwa 2 Stunden

Tipp

Dazu passen Nudeln oder Kartoffeln und Gemüse. Ebenso gut mit eingeweichten Trockenpilzen herzustellen. Das Einweichwasser für die Soße mitverwenden.

Für 4 Personen:

- 200 – 250 g frische Pilze
- 8 – 12 kleine, sehr dünne Kalbsschnitzel
- 1 Zwiebel
- 50 g magerer Räucherspeck
- 2 Stück getrocknete Tomaten
- 1 Bund Petersilie
- Senf
- Pflanzenöl zum Anbraten
- 1 EL Mehl zum Bestäuben
- 1TL Majoran, getrocknet
- 4 EL Sahne
- Salz
- Pfeffer aus der Mühle

Die Pilze in feine Scheiben schneiden. Die Zwiebel schälen und fein hacken. Den Speck in feine Würfel schneiden. Die getrockneten Tomaten sehr klein schneiden. Die Petersilie hacken. Den getrockneten Majoran fein mörsern.

In einer Pfanne den Speck in etwas Öl anbraten, darin die gehackte Zwiebel glasig dünsten. Die Pilze zugeben. Die getrockneten Tomaten und die Petersilie dazugeben, mit Salz und Pfeffer abschmecken und noch kurz weiterschmoren.

Die Kalbsschnitzel kalt abspülen und trockentupfen. Vorsichtig flach klopfen, dünn mit Senf bestreichen, salzen und pfeffern. Die Pilzfülle auf den Schnitzeln verteilen und diese fest aufwickeln. Mit Küchengarn oder Spießchen zusammenhalten.

In der Pfanne etwas Öl erhitzen und die Rouladen rundherum kräftig anbraten. Mit Mehl bestäuben und kurz weiterbraten, nach und nach mit ½ Liter Wasser ablöschen. Mit Salz, Pfeffer und Majoran würzen.

Zugedeckt bei geringer Hitze etwa 60 – 75 Minuten schmoren. Dazwischen prüfen, ob die Flüssigkeit ausreicht, sonst noch etwas Wasser nachgießen. Zuletzt die Sahne unterrühren und mit Salz und Pfeffer abschmecken.

Lachs mit Steinpilzen

Geeignete Pilze:
Steinpilze, aber auch Rotkappen und Flockenstieliger Hexenröhrling.

Zubereitung:
etwa 30 Minuten

Für 4 Personen:
- 150 g Steinpilze
- 4 Lachsfilets oder -steaks
- ½ Schalotte
- ½ Bund Schnittlauch
- 3 Stängel Petersilie
- 2 Stängel Liebstöckel
- 4 EL Pflanzenöl
- 30 g Butter
- 125 ml Sahne
- ¼ l trockener Weißwein
- Kräutersalz oder Schabziegerklee (siehe Seite 74)
- Salz
- Pfeffer aus der Mühle

Tipp

Dazu passen Butterkartoffeln und Zucchinigemüse oder gedämpfter Blattspinat, der kurz in Butter geschwenkt wurde.

Den Fisch kalt abwaschen und trockentupfen. Leicht salzen und pfeffern. Die Steinpilze in kleine Stücke schneiden. Die Schalotte schälen und fein hacken. Den Schnittlauch in feine Röllchen schneiden. Die Petersilie und die Liebstöckelblättchen fein hacken.

In einer Pfanne das Öl erhitzen und den Lachs darin von jeder Seite 2–3 Minuten anbraten. Herausnehmen und warm stellen.

In derselben Pfanne die Butter zerlassen und die Schalotte goldgelb andünsten. Die Steinpilze dazugeben und 2 Minuten anbraten. Mit den gehackten Kräutern, Kräutersalz oder Schabziegerklee, Salz und Pfeffer würzen. Weißwein und Sahne verquirlen und zugeben.

Die Soße bei sehr kleiner Flamme etwa auf die Hälfte einkochen und abschmecken. Die Lachssteaks auf vorgewärmten Tellern mit der Soße übergießen und sofort servieren.

Pilze einfrieren, trocknen, einlegen

Nach einer großen Pilzernte muss entschieden werden, welche Exemplare getrocknet werden und aus welchen man später Pilzpulver herstellt. Das Einlegen sollte man dabei nicht vergessen. Die besten Pilze sind für die Sofortverwertung, zum Einfrieren oder zum Einlegen bestimmt. Die Zweitbesten sind zum Trocknen und etliche Stiele und Pilzteile für Pilzpulver zu verwenden. Es ist sinnvoll, artenrein zu konservieren und die Pilze entsprechend getrennt aufzubewahren.

Einfrieren

Fast alle Arten von Pilzen sind zum Einfrieren geeignet, am besten festfleischige, junge Exemplare. Ausnahmen sind Schopftintlinge, die zu rasch verfallen, Pfifferlinge und Stoppelpilze, die leicht hart und bitter werden. Herbsttrompeten und Winterpfifferlinge sollte man bevorzugt trocknen, weil sie dadurch viel Aroma gewinnen.
Nach der Reinigung werden die Pilze in Scheiben oder Stücke geschnitten. Sie sollen kochfertig vorbereitet sein. Man nimmt sinnvollerweise mehrere kleine Behälter, die beschriftet werden mit Pilzart, Menge und Datum.
Das Fleisch der Krausen Glucke kann leicht zäh sein. Daher sollte man es vor dem Einfrieren 2–3 Minuten in Salzwasser blanchieren.
Tiefgefrorene Pilze werden verwendet wie frische, also vor der Zugabe im Rezept nicht aufgetaut!

Richtig trocknen

Getrocknete Waldpilze sind im Aroma noch intensiver als frische Pilze. Sie machen jedes Pilzgericht würziger. Zum Trocknen eignen sich sehr viele Arten, darüber hinaus vor allem junge und feste Exemplare. Feuchte, weiche und schwammige Pilze sind ungeeignet. Röhrenpilze eignen sich etwas besser als Lamellenpilze, jedoch müssen die alten Röhren entfernt werden. Fleischige Lamellenpilze, wie z. B. Violetter Rötelritterling, müssen in sehr dünne Scheiben geschnitten werden. Pfifferlinge sind ungeeignet, sie werden hart und etwas bitter.
Zum Trocknen werden die Pilze in 2–3 mm dicke Scheiben geschnitten und ausgelegt, entweder auf Zeitungen oder Tüchern oder auf Rahmen, die mit Fliegendraht bespannt wurden. Man trocknet die Pilze an einem gut durchlüfteten, geschützten Ort, keinesfalls direkt in der Sonne. Ein- bis zweimal pro Tag sollten die Pilze gewendet werden. Man kann sie auch auf einen Faden mit Abstand auffädeln.
Beim Trocknen im Backofen sollten die Pilze einzeln auf einem Gitter liegen und rundum belüftet werden. Die

Temperatur sollte keinesfalls mehr als 40 °C betragen und die Backofentür muss leicht geöffnet sein. Umluftöfen sind ungeeignet, da die Feuchtigkeit nicht entweichen kann.
Trockenpilze müssen wirklich „rascheltrocken" sein. Man bewahrt sie in Papiertüten oder besser in gut verschließbaren Gläsern auf. Sollten die Pilze noch Feuchtigkeit enthalten, schimmeln sie.

Getrocknete Pilze verwenden

Die getrockneten Pilze werden je nach Art mindestens 20 Minuten lang, festfleischige auch länger (etwa 2 Stunden, siehe Rezepte) in lauwarmem Wasser eingeweicht. Danach werden die Pilze gut ausgedrückt. Das aromatische Einweichwasser nicht weggießen, sondern mitkochen, für andere Gerichte verwenden oder daraus Suppen und Soßen herstellen.

Pilzpulver herstellen

Pilzpulver ist eine Weiterverarbeitung von Trockenpilzen und eine gute Möglichkeit, weniger hochwertige Exemplare zu verwerten. Es ist leicht herzustellen und im Geschmack besonders intensiv. Die getrockneten Pilze vor dem Mahlen kurz in einem Sieb, nach Möglichkeit in kleinen Mengen, in den Backofen stellen, bei niedrigster Temperatur und leicht geöffneter Tür (5 – 10 Minuten). Wenn sie rascheltrocken (brüchig, spröde) sind, lassen sie sich sogleich fein mahlen. Zum Mahlen der Pilze eignet sich am besten eine Mahlmaschine, ein Mixstab mit aufgesetzter Mühle oder auch eine gut gereinigte elektrische Kaffeemühle.
Einige besonders feinaromatische Arten sollte man zu artenreinem Pulver verarbeiten, zum Beispiel Herbsttrompeten, Steinpilze und Anischampignon. Aus allen anderen am besten ein gemischtes Waldpilzpulver herstellen.

Pilzpulver verwenden

Pilzpulver ist ein hervorragendes Würzmittel. Es muss zur Verwendung nicht eingeweicht werden, sondern wird dem Gericht direkt beigegeben. Wenn das Pilzpulver etwas grobkörniger ist, sollte es den Speisen früher zugefügt werden, damit es länger mitgart und so sein Aroma entfalten kann. Feines Pilzpulver kann auch zum Schluss zugegeben werden.
Pilzpulver eignet sich nicht nur zum Abschmecken und Nachwürzen. Eine feine Pilzsuppe oder -soße kann man auf der Basis von Pilzpulver herstellen. Ein Schnitzel oder anderes Fleisch, mit reichlich Pilzpulver bestreut und über Nacht im Kühlschrank mariniert, ist etwas ganz Besonderes. Auch für Salate ist Pilzpulver gut zu verwenden.

Pilze einlegen

- 200 g Pilze
- 100 ml Essig
- 50 ml Wasser
- Salz
- 1 Zweig Rosmarin
- einige schwarze Pfefferkörner
- 1 kleines Lorbeerblatt
- 1 Knoblauchzehe, geschält und halbiert
- Olivenöl

Tipp

Verschlossene Gläser sind gut ein Jahr haltbar. Geöffnete sollten im Kühlschrank aufbewahrt und schnell verbraucht werden.

Pilze in größere Stücke schneiden, kleine Pilze ganz lassen. In einem Topf eine passende Menge Salzwasser zum Kochen bringen und die Pilze 8 Minuten kochen, dann abgießen und dabei das Kochwasser auffangen. Wasser nicht weggießen, es kann mehrmals verwendet werden und dient später noch als Suppengrundlage.

Aus allen übrigen Zutaten einen Sud herstellen: In einen Topf geben, aufkochen und 15 Minuten ziehen lassen.

Die Pilze in den Sud geben und darin 5 Minuten köcheln lassen. Danach mit der Schaumkelle herausnehmen und in Schraubdeckel- oder Einmachgläser füllen. Den heißen Sud darübergießen, dabei die Gläser nur zu drei Vierteln mit Sud füllen. Mit Olivenöl auffüllen. Gläser gut verschließen. Mindestens 14 Tage bei Zimmertemperatur (nicht in direkter Sonne) durchziehen lassen.

Zum Servieren die Pilze gut abtropfen lassen und mit sehr gutem kaltgepressten Olivenöl beträufeln.

Checkliste Pilze aufbewahren

Pilz	Kühlen	Einfrieren	Trocknen	Einlegen
Goldröhrling	2–3 Tage	gut	jung gut	gut
Sandrohrling	2–3 Tage	jung gut	jung gut	jung gut
Rotfußröhrling	2–3 Tage	jung gut	jung gut	gut
Maronenröhrling	2–3 Tage	jung gut	jung gut	jung gut
Steinpilz	2–3 Tage	sehr gut	sehr gut	sehr gut
Flockenstieliger Hexenröhrling	2–3 Tage	gut	sehr gut	sehr gut
Birkenpilz	2–3 Tage	jung gut	jung gut	nein
Rotkappe	2–3 Tage	gut	gut	jung gut
Parasol	2–3 Tage	ganze Hüte	nein	nein
Wiesen-champignon	2–3 Tage	gut	gut	gut
Perlpilz	nein	nein	nein	nein
Scheiden-streifling	nein	nein	nein	nein
Violetter Lacktrichterling	2–3 Tage	gut	gut	nein
Violetter Rötelritterling	2–3 Tage	gut	jung gut	gut
Schopftintling	nein	nein	nein	nein
Echter Pfifferling	1 Woche	nein	nein	jung gut
Trompeten-pfifferling	2–3 Tage	nein	sehr gut	nein
Herbsttrompete	2–3 Tage	nein	sehr gut	nein
Semmel-stoppelpilz	1 Woche	nein	nein	sehr gut
Krause Glucke	2 Wochen	gut	gut	nein

Zum Weiterlesen

Literatur

Gminder, Andreas: Handbuch für Pilzsammler. Kosmos, Stuttgart 2014.

Grünert, Helmut und Renate: Steinbachs Naturführer Pilze. Erkennen und bestimmen. Verlag Eugen Ulmer, Stuttgart 2010.

Laux, Essbare Pilze und ihre giftigen Doppelgänger. Kosmos, Stuttgart 2014.

Schneider, Christine und Gliem, Maurice: Pilze finden. Verlag Eugen Ulmer, Stuttgart 2015.

Volk, Fridhelm und Renate: Pilze sicher bestimmen, lecker zubereiten. Verlag Eugen Ulmer, Stuttgart 2014.

Wergen, Björn: Der Pilzberater für unterwegs. Fragen und Antworten. Verlag Eugen Ulmer, Stuttgart 2013.

Wright, John: Handbuch für Pilzjäger. Sammlerglück und Pilzgenuss. Verlag Eugen Ulmer, Stuttgart 2012.

Pilzberatung

Die in diesem Buch beschriebenen Pilze sind im Allgemeinen einfach zu bestimmen. Wer aber noch wenig Erfahrung hat, sollte im Zweifelsfall immer einen Pilzberater zur Hilfe nehmen.

Adressen und Telefonnummern von Beratern in der Nähe können bei allen Verbraucherzentralen erfragt werden. Man findet sie auch bei der Deutschen Gesellschaft für Mykologie e. V. (im Internet unter www.dgfm-ev.de) oder bei den örtlichen Pilzvereinen.

Register

Artenverzeichnis

Rezeptverzeichnis

Giftnotruf

Die meisten Städte haben Giftnotrufe, die unter 1 92 40 Tag und Nacht erreichbar sind. Zusätzlich gibt es in fast jedem Klinikum einen Giftnotruf. Diese Nummern stehen im Telefonbuch auf den ersten Seiten.

Bildquellen

Alle Fotos und die Titelfotos stammen von Fridhelm Volk mit Ausnahme der folgenden:
Grünert, Helmut: S. 22 unten
Hecker, Frank Naturfotografie: S. 36 unten links
Karl Allgaeuer – Shutterstock.com: S. 64/65
Volk, Marc: S. 6
Wergen, Björn: S. 10 oben, 11 oben rechts, 11 unten, 23 oben rechts, 29 oben rechts, 29 unten links, 33 unten rechts, 36 unten Mitte, 36 unten rechts, 37 oben links, 48 unten links, 48 unten rechts

Die Zeichnungen stammen von Benz und Schüler, Stuttgart, und wurden überarbeitet von Helmuth Flubacher, Waiblingen.

Bibliografische Information der Deutschen Nationalbibliothek

Die Deutsche Nationalbibliothek verzeichnet diese Publikation in der Deutschen Nationalbibliografie; detaillierte bibliografische Daten sind im Internet über http://dnb.d-nb.de abrufbar.

Wollgrasweg 41, 70599 Stuttgart (Hohenheim)
E-Mail: info@ulmer.de
Internet: www.ulmer-verlag.de
Lektorat: Ina Vetter, Antje Munk
Umschlagentwurf: Verlag Eugen Ulmer
Druck und Bindung: Firmengruppe APPL, aprinta Druck, Wemding
Printed in Germany

ISBN 978-3-8186-0018-1